ZUR KRITIK DER BÜRGERLICHEN IDEOLOGIE

107

HERAUSGEGEBEN VON MANFRED BUHR

unter Mitwirkung von

GUY BESSE (Paris) · PHAM NHU CUONG (Hanoi)
ANDRÁS GEDŐ (Budapest)
TADEUSZ M. JAROSZEWSKI (Warschau)
M. T. JOWTSCHUK (Moskau) · W. W. MSCHWENIERADSE (Moskau)
VLADIMIR RUML (Prag)
ROBERT STEIGERWALD (Frankfurt/Main)

I. T. Frolov

Mensch – Wissenschaft – Humanismus

Inhalt

I. T. FROLOV

Mensch – Wissenschaft – Humanismus

Zur Kritik des Anthropologismus, Szientismus und Sozialbiologismus

AKADEMIE-VERLAG
BERLIN
1986

Erschienen im Akademie-Verlag Berlin, DDR – 1086 Berlin, Leipziger Str. 3–4

Lizenznummer: 202 · 100/4/86
Printed in the German Democratic Republic
Gesamtherstellung: IV/2/14 VEB Druckerei „Gottfried Wilhelm Leibniz“, 4450 Gräfenhainichen · 6564
Umschlaggestaltung: Willi Bellert
LSV 0165
Bestellnummer: 754 555 0 · 2149/107

00750

Einführung

Vielleicht hat die Menschheit noch nie so große Verantwortung getragen und eine für ihre Zukunft so wichtige Zeit durchlebt wie heute, an der Schwelle zum dritten Jahrtausend. Diese Zeit ist geprägt durch den Kampf zwischen Sozialismus und Kapitalismus, durch die Drohung einer thermonuklearen Katastrophe, aber gleichzeitig auch durch einen außerordentlichen Höhenflug des menschlichen Geistes, durch das Eindringen der Wissenschaft in den Mikrokosmos und Makrokosmos, in die Grundlagen der Natur und des Menschen.

Doch was nützt dem Menschen sein Wissen? Bringt es ihm neben neuen Möglichkeiten für steigenden Wohlstand, für die materielle und geistige Kultur nicht auch neue Gefahren und Bedrohungen? Nicht zufällig ist das Problem „Mensch und Wissenschaft" zu einem grundlegenden Thema philosophisch-soziologischer Arbeiten geworden, zieht es die Aufmerksamkeit der breiten Weltöffentlichkeit auf sich.

Ein Zeichen der akuten und angespannten Beunruhigung, mit der wir uns dem dritten Jahrtausend nahern, ist eine humanistische, ethische Einschätzung der Bedeutung und Bestimmung der Wissenschaft im Leben des Menschen und der Menschheit. Ist die Wissenschaft eine Kraft, die unabhängig von der jeweiligen Gesellschaftsordnung den Bedürfnissen und Interessen des Menschen dient, oder bestimmt die Gesellschaft voll und ganz ihre Orientierung, einschließlich der möglichen negativen Anwendungen? Kann die Wissenschaft – und wenn, in welchem Maße – eine positive Entwicklung fördern oder den Menschen bedrohen? In welcher Weise vollzieht sich die Wechselbeziehung zwischen der Wissenschaft und ihren gesellschaftlichen Bedingungen und Entwicklungsfaktoren? Welcher Art ist die Beziehung der Wissenschaft zu den Werten, speziell zu den humanistischen Prinzipien und können diese eine regulative Rolle in der Entwicklung spielen? Wie wirkt die Wissenschaft auf die Veränderung der humanistischen Prinzipien der Menschheit ein, und in welchem Maße ist sie selbst von dieser Veränderung abhängig? Und schließlich, wie verändert sich der Mensch im Laufe des wissenschaftlich-technischen Fortschritts und wie wandelt sich dieser unter dem Einfluß der Veränderung des Menschen, seiner Zivilisation und seiner Kultur?

Diese Fragen sind nicht nur von theoretischer, sondern auch von großer praktischer Bedeutung; sie basieren aber selbst wiederum auf einigen praktischen Bedürfnissen, die sich aus dem Leben und der Entwicklung der gesellschaftlichen Verhältnisse ergeben. Natürlich werden sie in verschiedenen Gesellschaftssystemen unterschiedlich beantwortet, obwohl in der Fragestellung auch viele globale Züge zum Ausdruck kommen. Bei der theoretischen Lösung dieser Fragen fällt auch der wissenschaftlichen Philosophie eine bestimmte Bedeutung zu, sie nimmt sich der Betrachtung der weltanschaulichen Aspekte an, der Analyse humanistischer Probleme von Gegenwart und Zukunft. Derartige Betrachtungen und Analysen haben heute nicht nur eine konstruktive wissenschaftliche und gesellschaftliche Funktion, sondern auch eine kritische: sie schalten sich in den ideologischen und politischen Kampf ein, der in der Welt vor sich geht.

Die wissenschaftliche Philosophie mit ihrer Liebe zur Weisheit und zum Menschen als deren Träger übt ihre integrierende, kritische (methodologische) und wertregelnde, axiologische Funktion in der Wissenschaft aus, untersucht vor allem *das Wesen des Menschen, die allgemeinen Gesetzmäßigkeiten* seiner Entstehung und Entwicklung, seine *Ziele und Ideale* und die Wege zu ihnen. Sie zeigt die Vermittlung und Modifizierung des Natürlichen, Biotischen durch das Gesellschaftliche, die Einheit von Wesen und Existenz des Menschen in seiner Entwicklung, die Dialektik von individueller und historischer Entwicklung des Menschen als Aneignung und Reproduzierung der soziokulturellen Erfahrungen der Menschheit, die „absolute Bewegung des Werdens" des Menschen, „die Entwicklung des Reichtums der menschlichen Natur als Selbstzweck"[1]. So ist die wissenschaftliche Philosophie ein besonderer „Integrator" des Wissens vom Menschen und bringt dieses Wissen mit den allgemeinen gesellschaftlichen Zielen, mit den Entwicklungsperspektiven der Menschheit in Beziehung. Diese Funktion der Philosophie gewinnt unter den gegenwärtigen Bedingungen besondere Bedeutung.

Zur Erforschung des Menschen werden zur Zeit qualitativ verschiedene Arten des Herangehens und Methoden angewandt, die gleichsam koexistieren und „benachbart" sind. Diese Methoden sind oft „komplementär", wie Niels Bohr sagen würde, das heißt, sie schließen einander im Prozeß der konkreten Forschung aus. Daraus erklärt sich in vielem das Niveau, auf dem sich die Erkenntnis des Menschen bisher befindet. Es fehlt eine wirkliche Komplexität, und vor allem deshalb wird der Mensch zu einem „aufgegliederten“ Objekt der Erkenntnis, über das wir alles wissen können, nur nicht das, was seine Einheit als biosoziales Wesen und Persönlichkeit ausmacht, das verschiedenen integralen Gesetzmäßigkeiten, „Systemkräften“ unterworfen ist, die im Zusammenwirken vieler Faktoren biotischen, psychischen und gesellschaftlichen Charakters entstehen.

Meines Erachtens spielen dabei nicht nur biologistische Arten des Herangehens eine negative Rolle, sondern auch Versuche, den Menschen als eine Art „Koagulat des Soziums“ darzustellen, die gesellschaftlichen und biotischen Faktoren seiner Entstehung und Entwicklung isoliert, nicht in ihrer Wechselbeziehung zu betrachten, wie es insbesondere in der Vorstellung von den „zwei Programmen“, dem sozialen und dem biotischen Programm des Menschen, von den „zwei Typen der Vererbung“, der sozialen und der biotischen, zum Ausdruck kommt. Die Dialektik von Gesellschaftlichem und Biotischem im Menschen läßt sich nicht ermitteln, wenn wir nur eine ein für allemal gegebene Wechselbeziehung zwischen ihnen aufzudecken suchen, auch wenn wir dabei vom Primat, dem Dominieren des Gesellschaftlichen gegenüber dem Biotischen sprechen. Die Dialektik besteht in der Vermittlung und Abwandlung des Biotischen durch das Gesellschaftliche, ohne daß die Verbindung zwischen ihnen reißt.

Das komplexe Herangehen an das Problem des Menschen erfordert einen besonderen Beitrag der wissenschaftlichen Philosophie, so bei der Untersuchung des Wesens und der Existenz des Menschen, der Anthroposoziogenese und Geschichte der Menschheit, der Entwicklung der Zivilisation in Verbindung mit den Prozessen der wissenschaftlich-technischen Revolution und den globalen Problemen (insbesondere mit den ökologischen und demographischen Prozessen), der Biologie und Genetik des Menschen, bei der Analyse der psychophysischen Möglichkeiten des Menschen und der Wege ihrer Realisierung durch Ausbildung und Erziehung, der Entwicklung der schöpferischen Fähigkeiten des Menschen, die sich in der materiellen und geistigen Tätigkeit, in seiner sozialen Realisierung als Persönlichkeit äußern, und schließlich bei der Betrachtung ethischer Fragen, der humanistischen Prinzipien des gesamten Systems der menschlichen Tätigkeit, der Kultur und der Wissenschaften vom Menschen.

Dialektik der Entwicklung des Menschen – so könnte man den Gegenstand der *wissenschaftlichen Philosophie vom Menschen* oder

der philosophischen Wissenschaft (Lehre) vom Menschen kennzeichnen. Diese ist ein organischer Bestandteil des dialektischen und historischen Materialismus und durchdringt gleichzeitig alle Bereiche der wissenschaftlichen Philosophie, ihre weltanschauliche und methodologische Basis, einschließlich der Theorie der Dialektik, da sie alle vom Blickpunkt der grundlegenden Charakteristik eines *menschlichen Verhältnisses zur Welt* betrachtet werden.

Damit werden nicht nur Lage und Rolle der wissenschaftlichen Philosophie vom Menschen im System der Einzelwissenschaften, die den Menschen von verschiedenen Seiten und unter verschiedenen Aspekten untersuchen, bestimmt, sondern auch ihre ganzheitliche, sozusagen integrierte Form, was oft mit dem Gedanken einer einheitlichen Wissenschaft vom Menschen verbunden wird. Diese erscheint heute mehr als ein „regulatives Ziel", geeignet, die komplexe Erforschung des Menschen *wissenschaftlich* zu organisieren und zu orientieren. Es geht also nicht um die praktisch und aktuell verstandene *Organisation* einer einheitlichen Wissenschaft vom Menschen – allein diese Idee kann, wie die Erfahrung zeigt, endlose abstrakt-scholastische Überlegungen hervorrufen, die weit davon entfernt sind, ihren Niederschlag in konkreten Empfehlungen und Handlungen zu finden –, sondern darum, wie man in der *existierenden Struktur der Wissenschaft* wenigstens theoretisch die komplexe Erforschung des Menschen sichern kann.

Doch das sollte meines Erachtens nicht dazu führen, den Gedanken einer einheitlichen Wissenschaft vom Menschen als *reales* Ziel gänzlich zu verwerfen. Natürlich darf man dabei nicht so sehr von der gegenwärtigen Praxis der wissenschaftlichen Erkenntnis ausgehen als vielmehr von der Tendenz des Erkennens, vor dem Prozeß, dessen Endziel die Schaffung dieser Wissenschaft ist. Mit dem Entstehen der einheitlichen Wissenschaft vom Menschen wird der Dualismus zwischen naturwissenschaftlichen und soziologischen Forschungsmethoden überwunden werden, und sowohl die biotische Natur des Menschen als auch sein gesellschaftliches Wesen werden Berücksichtigung finden. Die einheitliche Wissenschaft vom Menschen wird eine Synthese vieler Einzelwissenschaften – sowohl naturwissenschaftlicher als auch gesellschaftswissenschaftlicher – sein, die den Menschen unter verschiedenen Aspekten erforschen. Das sah Marx genial voraus: „Die Naturwissenschaft wird später eben sowohl die Wissenschaft von dem Menschen wie die Wissenschaft von dem Menschen die Naturwissenschaft unter sich subsumieren: es wird *eine* Wissenschaft sein."[2] Dabei betonte er: „Der *Mensch* ist der unmittelbare Gegenstand der Naturwissenschaft ... Aber die *Natur* ist der unmittelbare Gegenstand der *Wissenschaft vom Menschen.*"[3] Marx hielt die Ausdrücke „menschliche Naturwissenschaft" und „Naturwissenschaft vom Menschen" für identisch.

Zu den wichtigsten Aufgaben der einheitlichen Wissenschaft vom Menschen wird eine Analyse der Perspektiven des Menschen gehören. Infolge ihres globalen und komplexen Charakters gehört diese Aufgabe auch heute zu den aktuellen Problemen der verschiedenen Wissenschaften, die sich dem Menschen zuwenden. Die wissenschaftliche Philosophie vom Menschen muß vielleicht gerade auf diesem Gebiet in eindrucksvoller Weise ihre Wahrhaftigkeit und Humanität, ihren allgemeinmenschlichen Charakter beweisen.

Dabei sind auch die Fragen nach dem Sinn des menschlichen Lebens, nach den Möglichkeiten, die Lebensdauer zu verlängern, nach dem Tod und der Unsterblichkeit des Menschen aufzugreifen, nicht nur unter biologischen, sondern auch unter sozialethischen, humanistischen Aspekten: Verändern sich die philosophischen Wertungen dieser Probleme, und wenn ja, in welcher Richtung? Wie wird sich das auf die Perspektiven des Menschen auswirken, auch im Zusammenhang damit, daß er in den Kosmos vorstößt und nach außerirdischen Zivilisationen sucht? Wie wird dies alles das Selbstbewußtsein der Persönlichkeit verändern? Eine Antwort auf diese Fragen können wir nur finden, wenn wir von den Positionen eines realen Humanismus ausgehen, wenn wir uns der wissenschaftlichen *Philosophie vom Menschen*, von seinem Leben, seinem Tod und seiner Unsterblichkeit zuwenden. Anders gesagt: bei aller Bedeutung der *unmittelbaren* Erforschung der Probleme von Leben und Tod des Menschen (etwa der Probleme seiner Veränderung in der Zukunft usw. im Rahmen der Biologie) können wir die grundlegende Frage nicht vollständig lösen, wenn wir uns nur der natürlichen, biotischen Existenz des Menschen zuwenden. Da der Mensch als gesellschaftliches Wesen über den Rahmen seiner natürlichen Existenz hinausgeht, müssen auch die Wege der Lösung dieser grundlegenden Frage den Bereich der unmittelbaren Erforschung von Leben und Tod des Menschen in ihrer biologischen Bedeutung verlassen, man muß sich der Philosophie zuwenden; nur auf diese Weise finden der biologische und der gesellschaftliche Sinn von Leben und Tod des Menschen, findet seine Zukunft als biosoziales Wesen ihre wahre Bestimmung als *dialektische Einheit.*

Ausgehend von dieser Einheit, lassen sich die Hauptkonturen der „ewigen" Frage nach dem Sinn des menschlichen Lebens umreißen, ohne deren Beantwortung alle anderen Fragen, die sich auf den Menschen, auf seine natürliche, biotische und gesellschaftliche Existenz und auf seine Zukunft beziehen, sinnlos werden. Dies ist eine traditionelle Frage der Philosophie, sie steht seit frühester Zeit in ihrem Blickfeld. Die moderne Wissenschaft hat vieles für das Verständnis des biologischen Sinns von Leben und Tod des Menschen Wichtige aufgedeckt und auch etwas Neues in die Erkenntnis des gesellschaftlichen Sinns eingebracht, ohne den die menschliche Spezifik von Leben und Tod nicht erfaßbar wird, ein Geheimnis bleibt. Außerhalb dieser *Pole* – Leben und Tod – kann man auch die Probleme nicht richtig verstehen, die mit der Langlebigkeit zusammenhängen, mit der Erhöhung der Lebenserwartung bis zu Grenzen, die – wenn man einige Wissenschaftler sprechen hört oder ihre Arbeiten liest – undenkbar sind, weil sie eine vernünftige Aufeinanderfolge von *individuellen* Leben im *historischen* Sein der Menschheit ausschließen würden.

In diesem Zusammenhang erlangt auch die sozialethische und moralisch-humanistische, moralisch-philosophische Problematik der Erkenntnis des Menschen große Bedeutung. Die sich hier ergebenden Probleme sind unerschöpflich; sie stehen in bestimmtem Sinne sogar außerhalb der konkreten Zeit: es sind „ewige" Probleme. Spezifisch für diese Problematik ist auch, daß es keine eindeutigen, für alle Zeiten geltenden Lösungen gibt und keine einseitig gerichtete Bewegung der Erkenntnis, bei der jede nachfolgende Lösung gleichsam eine vorangegangene ergänzt. Deshalb können uns ältere moralisch-humanistische Überlegungen, etwa von Sokrates oder Kant, aktueller berühren als viele Maximen zeitgenössischer Denker.

Von besonderer Bedeutung in der moralisch-humanistischen Problematik – wie auch für viele andere Erscheinungen der menschlichen Kultur, die sich von der Wissenschaft, in der das Objektivitätsprinzip mitunter gleichbedeutend mit Subjektlosigkeit ist, unterscheiden – ist der permanente Dialogcharakter, der eine aktive Geistestätigkeit des Subjekts voraussetzt, sein Erleben von Situationen, für die es häufig weder Analogien noch Beispiele gibt. Dennoch ist auf diesem Gebiet eine Orientierung auf objektive Werte möglich, und die Suche nach ihnen weist bestimmte Gesetzmäßigkeiten auf, die freilich nicht starren Charakters sind. Hier sind insbesondere die Ausarbeitung ethischer, humanistischer Kriterien für die Zulässigkeit oder Unzulässigkeit biomedizinischer Experimente zu nennen, ethischer Prinzipien für die genetische Kontrolle, für Arbeiten auf dem Gebiet der Gentechnik und für bestimmte psycho-physiologische Forschungen, einschließlich der Psychochirurgie, das heißt für Experimente, die

die Gesundheit des Menschen und seine Umwelt bedrohen, die Gefahr der Manipulierung des Menschen in sich bergen und die unveräußerlichen Freiheiten und Rechte der Persönlichkeit antasten.

Die wissenschaftliche Philosophie vom Menschen wendet sich der moralischen Welt des Menschen zu. Dabei bestätigt sie den dialektischen Zusammenhang zwischen Natürlichem (Biotischem) und Gesellschaftlichem, Endlichem und Unendlichem, Tod und Unsterblichkeit des Menschen. Der Mensch findet seine vollendeten Formen in dem, was einzig seinem Wesen entspricht – in der materiellen und geistigen Kultur der Menschheit. In diesem Sinne legt die Philosophie einige ideale Ziele fest, die ein Gefühl für die untrennbare Einheit von Leben, Tod und Unsterblichkeit geben. Sie gehen von einer durch nichts begrenzten Dauer und einer Unerschöpflichkeit des Lebens einer unwiederholbaren, einzigartigen Persönlichkeit aus. Darauf fußt die regulierende Rolle der Moral im individuellen Leben des Menschen, auch in seiner Haltung zu Tod oder Unsterblichkeit.

Diese Frage hat aber noch eine andere Seite, eine wissenschaftlich-praktische, die mit der realen, biotischen Unerschöpflichkeit der Menschheit, mit der Unsterblichkeit ihrer Vernunft und der Humanität zusammenhängt, sowie mit der Möglichkeit anderer Formen von Leben und Vernunft, anderer, außerirdischer Zivilisationen im unendlichen All. Daraus ergeben sich komplizierte philosophische Probleme, die ebenfalls vom Standpunkt des realen Humanismus, der wissenschaftlichen Philosophie vom Menschen aus analysiert und diskutiert werden müssen. Diese Analyse steht mit der Einmaligkeit des mit Vernunft und Humanität begabten Menschen, mit seiner nicht wiederholbaren Individualität im Zusammenhang und betont die globale und kosmische Bestimmung des Menschen und der Menschheit in der unendlichen Vielfalt der Formen der Vernunft und Humanität in der Welt.

Dieser Art sind die mannigfaltigen philosophischen Probleme, vor denen wir stehen, wenn wir uns den *humanistischen Aspekten* der Probleme des Menschen im Zusammenhang mit der Entwicklung der Wissenschaft zuwenden. Ich habe in vielen Zeitschriftenartikeln und in Büchern, von denen einige in deutscher Sprache veröffentlicht worden sind, den Versuch unternommen, das marxistische Herangehen an diese Probleme zu zeigen und mich kritisch mit nichtmarxistischen und antimarxistischen Ansichten auseinandergesetzt, am ausführlichsten in dem Buch „Wissenschaftlicher Fortschritt und Zukunft des Menschen ..." (Berlin 1978).[4] 1979 erschien eine erweiterte

Fassung dieses Buches in Moskau unter dem Titel „Perspektivy čeloveka" („Perspektiven des Menschen")[5], von der nun die zweite, neubearbeitete Auflage vorliegt. Sie enthält *neues* Material und neue Gedanken, von denen ich einige, die das, was in der ersten Ausgabe veröffentlicht wurde, wesentlich *ergänzen*, dem Leser hier vorlege. So enthält dieses Buch *neue* Kapitel aus dem großen Buch über Mensch, Wissenschaft und Humanismus, an dem ich schon viele Jahre arbeite und auch in Zukunft arbeiten werde.

Mensch und Menschheit unter den Bedingungen der wissenschaftlich-technischen Revolution; Zukunft der menschlichen Zivilisation und des Menschen

Das Problem des Menschen, seiner Existenz, Entwicklung und Zukunft, wird heute weitaus häufiger als früher mit dem Fortschritt der Wissenschaft, mit ihren wichtigsten Entwicklungsrichtungen und ihrer technischen Anwendung verbunden. Das ist verständlich, da Wissenschaft und Technik das Fundament der modernen menschlichen Zivilisation bilden und in vielem deren Zukunft bestimmen. Mehr noch, die wissenschaftlich-technische Entwicklung führte zu einer Reihe positiver und negativer Erscheinungen, die globalen Charakter angenommen haben, so daß unsere Epoche, die wir gesellschaftlich als die Übergangsepoche vom Kapitalismus zum Sozialismus charakterisieren, nicht wirklich verstanden werden kann, wenn die globalen Probleme außer Acht gelassen werden.[6]

Im Ergebnis der wissenschaftlich-technischen Revolution unserer Tage wurden die gesellschaftliche Arbeitsproduktivität in außerordentlichem Maße erhöht, die Maßstäbe der Produktion erweitert und unvergleichliche Ergebnisse bei der Meisterung der Naturkräfte errungen: Es gelang, die Geheimnisse des Atoms und die Rätsel des Kosmos, die Tiefen der Weltmeere und die Mikrowelt der lebenden Zelle in vielfacher Hinsicht der menschlichen Vernunft, die sich auf die Wissenschaft stützt, zugänglich zu machen. Aber diese Erfolge wurden von negativen Erscheinungen begleitet, so erhöhten sich die Gefahren, die davon ausgehen, daß Ergebnisse von Wissenschaft und Technik militärisch genutzt werden, die Gefahren, daß die Naturressourcen sich erschöpfen, daß eine Energie- und Nahrungsmittelkrise entsteht und andere. Von Deformationen sind auch Kultur und Bildung betroffen. Es ist eine tödliche Bedrohung für die biotische Existenz und die gesellschaftliche Entwicklung der Menschheit selbst entstanden.

Infolge der Verschärfung der durch die wissenschaftlich-technische Revolution hervorgerufenen globalen Probleme ist die Zukunft der Menschheit in immer höherem Grade mit der Möglichkeit der Lösung dieser Probleme verbunden. Prognosen der wissenschaftlichen und gesellschaftlichen Entwicklung wenden sich daher den globalen Problemen zu, um reale Alternativen für die menschliche Zivilisation und Perspektiven für den Menschen zu finden. *Homo sapiens* heißt der vernunftbegabte Mensch. Wird der Mensch aber genügend Vernunft aufbringen, um mit den globalen Problemen fertig zu werden? Verfügt er über die natürlichen oder gesellschaftlichen Kräfte, die ihm helfen würden, die drohenden Gefahren abzuwenden und der Vernunft gemäß zu handeln?

Wir wissen, daß sich im Westen über den Menschen in Literatur, Film und Fernsehen ein nichtabreißender Strom raffinierter Utopien ergießt, in denen angeblich unvermeidliche Katastrophen, der Untergang der Menschheit vorausgesagt werden: als Ergebnis eines Atomkrieges, als Folge sozialer, kybernetischer und genetischer Techniken oder infolge eines unkontrollierten Wirkens des wissenschaftlich-technischen Fortschritts auf die menschliche Natur. Es ist für einen Menschen ohne tiefere Einsicht in die Probleme nicht einfach, all dem zu widerstehen. Deshalb werden wir immer häufiger auf die Ergebnisse der Tätigkeit dieses ständig an Einfluß gewinnenden „Erziehers" – der futurologischen Mythologie – stoßen.

Diese Mythologie spekuliert mit dem Glauben an die Wissenschaft, hat mit der Wissenschaft aber nichts gemein. Unwissenschaftlich ist auch ihre philosophische Methodologie, wie es schon das einseitige Verständnis der globalen Probleme zeigt. Diese Probleme werden, losgelöst vom Grundwiderspruch unserer Epoche, als „übergesellschaftlich", „über den Klassen stehend" dargestellt. Ihre Lösung meint man in der – metaphysisch verabsolutierten – wissenschaftlich-technischen Sphäre zu finden oder im Menschen selbst, dessen Veränderung als wichtigste Voraussetzung und Bedingung für die Lösung aller anderen Probleme, einschließlich der globalen, angesehen wird.

Diese Tendenzen des Szientismus und Technokratismus einerseits und des Anthropologismus andererseits bilden die beiden Pole der bürgerlichen Futurologie, einschließlich jener „Zukunftsmodelle", die sich der Lösung der globalen Entwicklungsprobleme zuwenden. Bezeichnend ist jedoch, daß sie einander meist gleichsam ergänzen, da sie auf derselben Methodologie beruhen; sie gehen aus von einer metaphysischen Verabsolutierung und Gegenüberstellung einzelner Faktoren der gesellschaftlichen Entwicklung, ihrer Isolierung vom gesamten Kontext der gesellschaftlichen Beziehungen in der gegenwärtigen Welt. Im Ergebnis kann sich jedoch herausstellen, daß Faktoren, denen zu Beginn keine Bedeutung beigemessen wurde, einen wichtigen Stellenwert haben, daß gerade sie, und nicht die zuvor verabsolutierten Faktoren als die wichtigsten, entscheidenden anerkannt werden müssen.

Das Grundlegende, das Wesen dieser futurologischen Modelle Bestimmende, ist ein Utopismus, zugeschnitten nach bürgerlich-reformistischen Mustern. Das kommt zum Beispiel in A. Tofflers Buch „Die Zukunftschance"[7] deutlich zum Ausdruck. Toffler unternimmt den Versuch, die sozialen und politischen Auswirkungen der wissenschaftlich-technischen Revolution in globalen Maßstäben zu überdenken. Er spricht von einer neuen Epoche der Zivilisation, der „Dritten Welle", deren Entstehen mit der gegenwärtigen wissenschaftlich-technischen Revolution zusammenhängt. Aber auch hier handelt es sich nur um eine reformistische Variante der kapitalistischen Gesellschaft. Deren Grundzüge treten in allen von Toffler betrachteten Bereichen der „neuen Zivilisation" zutage: in der „Technosphäre" (Energiebasis, die mit einem Produktionssystem verknüpft ist, das eng mit einem Verteilungssystem verbunden ist), in der „Soziosphäre" (Familie, Bildungssystem usw.) und in der „Infosphäre" (Informationssphäre) sowie in dem „verborgenen Code", einer Anzahl von Regeln und Prinzipien, die in allen Lebensbereichen einen gewissen Einfluß ausüben.

Toffler spricht von „globalen Ideologien". Man betrachte den „Globalismus" als „eine evolutionäre Notwendigkeit – einen weiteren Schritt auf dem Weg zu einem ‚kosmischen Bewußtsein', das auch das All umfassen würde".[8] Die neuen politischen Strukturen der „Zivilisation der Dritten Welle" verbindet Toffler nicht mit gewaltigen revolutionären Prozessen; sie „entstehen im Lauf von Jahrzehnten als Folge vieler Tausender Innovationen und Kollisionen auf den verschiedensten Ebenen an den verschiedensten Orten ... Vieles hängt von der Flexibilität und Intelligenz der heutigen Eliten, Sub-Eliten und Super-Eliten ab."[9] Das ist sozusagen das eine Extrem. Ihm steht ein anderes entgegen: der Anthropologismus, wie er sehr plastisch in der Konzeption einer „Gegenkultur" zum Ausdruck kommt, insbesondere in der Interpretation, die in den Arbeiten T. Roszaks gegeben wird. Roszak bemüht sich in seinem Buch „Person – Planet: The Creative Disintegration of Industrial Society"[10] zu zeigen, daß die Bedürfnisse des Planeten und die Bedürfnisse der Persönlichkeit nicht mehr voneinander zu trennen sind und begonnen haben mit einer zerstörerischen Kraft, die in sich aber die Hoffnung auf eine kulturelle Erneuerung trägt,[11] auf die grundlegenden gesellschaftlichen Einrichtungen einzuwirken. Dabei wird der Akzent gerade auf die Persönlichkeit gesetzt, auf die Erklärung ihres souveränen Rechts auf die Entdeckung des „Ich", des Sinns ihres eigenen Lebens, eines Persönlichkeitssymbols angesichts des Unglücks oder des Todes. Roszak sieht eine Bedrohung der Persönlichkeit gleichermaßen von seiten des kapitalistischen individualistischen Eigennutzes, des persönlichen Vorteils, als auch von seiten des „militanten Klassenbewußtseins", das die Persönlichkeit bis zu ihrer Unkenntlichkeit politisiere.[12]

Natürlich kann diese Betrachtungsweise nicht zu positiven Ergebnissen führen und entwertet auch die Versuche des Autors, die Abhängigkeit „Persönlichkeit – Planet" als wichtigsten Indikator für eine „gesunde ökonomische und ökologische Politik" zu nutzen. Roszak vertritt dabei offen antiszientistische Positionen, indem er die Wissenschaft für die „Unterdrückung der Persönlichkeit" verantwortlich macht. Er klagt deshalb auch den „marxistischen Humanismus" an, weil dieser weder mit der kulturellen Herrschaft der Wissenschaft noch mit dem Imperativ industrieller Integration breche und deshalb nicht die erwachende Individualität der Persönlichkeit verteidigen könne.[13]

Zur „neuen menschlichen Persönlichkeit" (die nach Roszak nicht individualistisch und nicht kollektivistisch ist) führe eine Politik, die über den gegenwärtigen Glauben an die Wissenschaft und über die Notwendigkeit industrieller Entwicklung hinauswachse.[14] Was dies jedoch wirklich bedeuten soll, sagt Roszak nicht. Er spricht nur von der Notwendigkeit einer „geistigen Dimension des Lebens" im Sinne des mystischen Anarchismus Tolstois, Whitmans, Gandhis und anderer. Roszak greift den Marxismus an, weil dieser an die Wissenschaft appelliere und sich prinzipiell weigere, die Freiheit, das Schöpfertum und das transzendente Streben der Persönlichkeit anzuerkennen. Im Ergebnis seiner Überlegungen gelangt er zu dem Schluß, daß die Welt ein neues Mönchtum, einen neuen Typ klösterlichen Lebens brauche, es könne der Menschheit helfen, unter den Bedingungen der zu erwartenden sozialen Unsicherheit und eines Wirtschaftschaos zu überleben.

Dies ist also das Ergebnis der antiwissenschaftlichen Utopie und der Entdeckung des eigenen „Ich" mit dem Ziel, den Planeten zu retten[15], die der Theoretiker der „Gegenkultur" der Welt vorschlägt. Abstrakt-utopische Konstruktionen, die von einer philosophisch-anthropologischen Verabsolutierung der „Natur des Menschen" ausgehen, werden einfach in sehr konkrete sozialpolitische Vorschläge und

Schlußfolgerungen mit deutlichem Klassencharakter transformiert. Und das offenbar nicht zufällig, obwohl die Akzentuierung der Bedeutung des „menschlichen Faktors“ bei Vorstellungen über die Lösung der globalen Menschheitsprobleme und die Alternative der Zukunft der Zivilisation nicht zu solchen Folgerungen führen muß.

Natürlich wäre es falsch und leichtfertig zu übersehen, daß nicht wenige bürgerliche Futurologen, die nicht auf den Positionen des Marxismus stehen und im Sozialismus und Kommunismus keine reale Alternative zum Kapitalismus sehen, aufrichtig um das Schicksal des Menschen und der Menschheit besorgt sind. Auf der Suche nach einem humanistischen Ausweg aus der entstandenen tragischen Situation entwickeln sie utopische Vorstellungen über soziale und weltanschauliche „Ziele der Menschheit“, die angeblich optimale Wege in die Zukunft weisen.

Die Marxisten haben den Utopismus dieser Konzeptionen kritisiert und werden es weiterhin tun. Doch sie sind auch für den Dialog mit diesen Wissenschaftlern, für eine Zusammenarbeit in vielen brennenden Problemen der Gegenwart, einschließlich der globalen Probleme, vor allem im Kampf für Frieden und Abrüstung, für Demokratie, Freiheit und Menschenwürde, für die Zukunft des Menschen. Dabei bedenken sie, daß dies für jene, die den Menschen und die Menschheit lieben und aufrichtig um ihre Zukunft besorgt sind, ein Weg sein kann, zu wissenschaftlichen Positionen zu gelangen.

Das berührt jedoch nicht die weltanschaulichen Grundlagen und die allgemeine ideologische Orientierung der bürgerlich-reformistischen „Zukunftsentwürfe“, die sich mit den globalen Problemen unter Einbeziehung der negativen sozialen Folgen der wissenschaftlich-technischen Revolution befassen.

Für diese „Entwürfe“ ist eine „gegenseitige Komplementarität“ pessimistischer und optimistischer Konzeptionen und gedanklicher Zielsetzungen kennzeichnend. Es wäre verfehlt, die bürgerliche Futurologie insgesamt als pessimistisch zu charakterisieren, mit der Begründung, daß sie Tendenzen der kapitalistischen Gesellschaft verabsolutiert. Die andere, die optimistische Richtung äußert sich als direkte Apologetik des Kapitalismus. Die verschiedenartigen optimistischen Prognosen sollen den Glauben an die Zukunft dieses dem Untergang geweihten Systems festigen.

Es handelt sich in beiden Fällen um reformierte Varianten der bestehenden kapitalistischen gesellschaftlichen Verhältnisse, und auch hier zeigt sich die Komplementarität: Die vorherrschende, apologetische, konservativ-optimistische Richtung der bürgerlichen Futurologie stößt auf eine, sich in bestimmten Etappen weit verbreitende apokalyptische, neo-eschatologische Sicht der Zukunft. Dabei entstehen auch neue Formen, eine gewisse Verbindung von Optimismus und Pessimismus in neokonservativen und bürgerlich-reformistischen Prognosen. Und all dies wird entweder dem Marxismus und Kommunismus gegenübergestellt, oder es werden Versuche unternommen, einen „dritten Weg" zu finden, der als Perspektive der angenommenen „Konvergenz" von Kapitalismus und Sozialismus gesehen oder sogar als „alternative Bewegung"[16] ausgegeben wird, berufen, von den eingefahrenen Wegen der sozialen Perspektivlosigkeit abzukehren und einen neuen „Lebensstil" aufzubauen. Der wissenschaftlich-technische Fortschritt wird als Quelle jeglichen Übels betrachtet, und den Sinn des Lebens sieht man in der Realisierung von Bestrebungen, die unmittelbar mit dem menschlichen „Ich" verbunden sind.

Ähnliche „Gedankensprünge" von einem Extrem zum anderen enthalten auch die Zukunftsprognosen des Club of Rome. Vergleichen wir zum Beispiel die neueren Berichte an den Club of Rome mit den ersten globalen Modellen, die insbesondere von J. W. Forrester („Weltdynamik", 1970) und D. H. Meadows und Mitarbeitern („Die Grenzen des Wachstums", 1972) erarbeitet wurden.[17] Es ist erstaunlich, wie sich im Laufe eines Jahrzehnts – im Laufe der siebziger Jahre – die Betrachtungsweise ein und desselben Problems verändert hat! Während im ersten Bericht an den Club of Rome zur Lösung der globalen Probleme hauptsächlich wissenschaftlich-technische Maßnahmen unter der Bedingung eines „Nullwachstums" der Produktion, der Bevölkerung usw. angeboten werden, schlagen M. Mesarović und E. Pestel („Menschheit am Wendepunkt", 1974)[18] der Welt ein „organisches Wachstum" vor und ergänzen die wissenschaftlich-technischen Ratschläge um sozialethishe, die sowohl an die Gesellschaft als Ganzes als auch an das einzelne Individuum gerichtet sind. Diese Vorschläge waren in vielfacher Hinsicht abstrakt-utopisch, worauf bereits viele marxistische Wissenschaftler hingewiesen haben. Die Positionen der Autoren kennzeichnet sehr gut das Motto zu ihrem Werk: „Die Welt hat Krebs, und der Krebs ist der Mensch." (Gregg)

Natürlich konnte diese Position kaum die „kommenden Generationen" begeistern, an die sich Mesarović und Pestel wandten, aber sie enthielt Keime jener Wende, die in den folgenden Berichten an den Club of Rome ihren Ausdruck fand und von D. Gabor und Mitautoren und von E. Laszlo und seinem Kollektiv vorbereitet wurde.[19]

Diese Wende führte (wenn auch in undifferenzierter, abstrakter Form) zur Anerkennung der Bedeutung gesellschaftlicher Faktoren für die Lösung der globalen Probleme der Menschheit. Dabei trat immer mehr eine philosophisch-anthropologische Seite in den Vordergrund, eine Konzentration auf die Frage nach einer notwendigen Veränderung des Menschen selbst, seines Bewußtseins, seiner Moral und seiner Bildung als Voraussetzung und Bedingung für alle übrigen Veränderungen, einschließlich der wissenschaftlich-technischen und der gesellschaftlichen, die es erlauben, die globalen Probleme der Welt zu lösen. Hier kommt der Club of Rome (und vor allem sein ehemaliger Vorsitzender A. Peccei) im wesentlichen zu einer Position, die in der Geschichte des Denkens bereits eine bestimmte Entwicklung erfahren hat, insbesondere in der philosophischen Anthropologie, in der Humanismuskonzeption von J. Huxley und anderen. Diese Position findet sich deutlich in dem Buch Pecceis „Die Qualität des Menschen" und in den späteren Berichten an den Club of Rome.[20]

Von einer abstrakt-humanistischen, anthropologischen Betrachtungsweise ist auch die Vorlesung Pecceis „Facing Unprecedentel Challenges: Mankind in the Eighties"[21] geprägt, die er im November 1980 in dem Internationalen Institut für Angewandte Systemanalyse (IIASA) hielt. Er versuchte, die Zukunft vom Aspekt der globalen Probleme her zu bestimmen. Dabei hob er als notwendige Maßnahmen hervor: das Treffen regionaler und weltweiter Entscheidungen, die Verwaltung der Welt als Ganzes und, als Voraussetzung dafür, die Lenkung der Menschen durch sie selbst. Dafür müsse man vor allem lernen, in Harmonie mit der real existierenden Welt zu leben, seine Pflichten gegenüber den kommenden Generationen und gegenüber anderen Formen des Lebens zu erfüllen, und die eigenen Möglichkeiten entwickeln. Die globale Problematik sei vom Standpunkt des menschlichen Wesens aus zu betrachten, und man müsse berücksichtigen, was der Mensch mit Hilfe der Wissenschaft und anderem tun könne.

Dabei geht Peccei davon aus, daß die Entwicklung des Menschen gegenwärtig noch nicht abgeschlossen ist, daß dessen schöpferisches Potential noch nicht voll genutzt wird. Geschähe dies auch in Zukunft nicht, so werde sich die bestehende Kluft zwischen der realen Welt mit ihren Problemen und unserem Verständnis von ihr noch erweitern. Mit dieser Problematik befassen sich auch der Bericht an den Club of Rome „Das menschliche Dilemma – Zukunft und Lernen" und das Projekt „Forum Humanum", dessen Ziel es ist, der „Phantasie und dem Drängen der neuen Generationen mehr Raum zu geben", die Jugend zu beteiligen, wenn es um Überlegungen über die Zukunft geht.[22]

Abstrakt-humanistisch werden die globalen Probleme und ihre Lösungswege auch in Pecceis Alarm schlagendem und von Utopismus getragenem Buch „Die Zukunft in unserer Hand" gezeichnet.[23] Hier geht es auch um den Menschen und die Menschheit, um den „Sinn für die Totalität und die universellen Harmonien" und um eine „alle politischen und sozialen Schranken überwindende Solidarität". Peccei greift erneut den Gedanken auf, daß der Menschheit eine moralische und ökologische Katastrophe mit all ihren unvoraussehbaren Folgen drohe. Aber da der Mensch „nicht nur als Hauptdarsteller, sondern auch als Autor" eine beherrschende Rolle spiele, könne die Menschheit, „wenn sie ihre natürlichen und vor allem ihre menschlichen Ressourcen intelligent zu nutzen weiß" und umgehend Maßnahmen zur Lösung der globalen Probleme trifft, die Krise überwinden und eine Zukunft nach ihren Wünschen aufbauen. Peccei deutet die marxistische Auffassung des Problems verzerrt und versucht, marxistische Positionen und nichtmarxistische einander zu nähern: „Unsere marxistischen Freunde", so Peccei, schreiben der wissenschaftlich-technischen Revolution eine „führende Rolle bei der Schaffung der neuen Gesellschaft zu. Doch auch Nicht-Marxisten setzen zur Lösung der meisten, wenn nicht gar aller Probleme des Menschen auf den Fortschritt der Wissenschaft."

Natürlich fällt ihm danach die Begründung seiner eigenen Position recht leicht, er lenkt die Aufmerksamkeit auf die „ambivalente Rolle der Wissenschaft", darauf, daß diese losgelöst von den vorrangigen Problemen der Menschheit sei, auf die „Dichotomie jedes wissenschaftlichen Fortschritts" und erklärt, daß ein universelles Denken, eine „ausgewogene Sicht des Ganzen", eine Synthese der Wissenschaften notwendig sei, und „daß aller Fortschritt *auch* ein wissenschaftlicher sein kann, aber nur unter der Bedingung, daß er *vor allem* ein moralischer, sozialer und politischer Fortschritt ist, ein Fortschritt in den Gewohnheiten und Verhaltensweisen – mit einem Wort, ... ein kultureller Fortschritt".[24] Anders gesagt, Peccei gelangt, allerdings in einer Form, die in vielem für uns unannehmbar ist, zu Gedanken, die klar und deutlich gerade von Marxisten formuliert wurden, angefangen mit den klassischen Arbeiten von Marx selbst. Natürlich unterscheiden sich diese Gedanken wesentlich von den szientistischen und technokratischen Anschauungen, die Peccei dem Marxismus zuschreibt. Eine Hinwendung zum Marxismus-Leninismus setzt eine ernsthafte, fundierte Analyse der marxistisch-leninistischen

Konzeption von der wissenschaftlich-technischen Revolution in ihrem Zusammenhang mit der Entwicklung des Menschen und das Studium der entsprechenden wissenschaftlichen Arbeiten voraus. Das würde aber offenbar den philosophisch-anthropologischen Ideen, Zielstellungen und Folgerungen Pecceis widersprechen. Wenn wir uns im folgenden entsprechenden Konzeptionen zuwenden, werden wir sehen, inwieweit diese Ideen in Wirklichkeit originell sind.

Das gilt für die philosophisch-anthropologischen Begründungen in B. Hawrylyshyns Bericht an den Club of Rome, der den vielversprechenden Titel „Road Maps to the Future"[25] trägt. Die Vorschläge und Folgerungen werden in einem Vorwort zu dem Bericht von dem Mitglied des Exekutiv-Komitees des Club of Rome A. King und von dem damaligen Vorsitzenden A. Peccei unterstützt.

Hawrylyshyn geht davon aus, daß jede gesellschaftliche Ordnung aus drei Komponenten besteht, den Werten (der individualistischen Konkurrenz, der Gruppenkooperation usw.), der politischen Regierungsgewalt (zum Beispiel Prinzip des Ausgleichs, der Macht einer Einzelperson) und dem Wirtschaftssystem (freies Unternehmertum, vereinbart-freies Unternehmertum, staatlich gelenkte Wirtschaft). In diesem Zusammenhang hält er es für notwendig, eine „neue Weltordnung" zu errichten, die maximal der „Natur des Menschen" entsprechen solle.

Was aber ist „die Natur des Menschen", und worin besteht das Wesen dieser neuen „Weltordnung", unter deren Bedingungen sich nach Hawrylyshyn auch die globalen Probleme der Menschheit lösen lassen? Er überprüfte die historische Frage nach der „Natur des Menschen" und fertigte eine Tabelle an (s. u.), die wohl mehr den Zielen,

Ursprung des Menschen	Natur des Menschen	Quelle der Werte; „Ethiken"	Sich daraus ergebende Werte
1. Göttlicher Wille	Gut; Böse; oder beides	Göttliche Offenbarung	Individualistische Konkurrenz oder Gruppenkooperation
2. Ergebnis der natürlichen Evolution	Gut; Produkt der Umwelt	Gesetze der Natur	Gruppenkooperation oder egalitaristisch-kollektivistische Werte
3. Biologischer Zufall	Gemischt; seine Einzigartigkeit = Wissen	Der Mensch selbst; die objektive Notwendigkeit	nicht „pre-wired"; frei zu wählende Werte

die der Autor a priori aufgestellt hat, entspricht als der Wirklichkeit.

Wie wir sehen liegt der Sinn der Aufstellung vornehmlich in den Schlußfolgerungen auf die Werte. Der außerordentliche Schematismus der vorgeschlagenen Klassifikation stört den Autor nicht. Er meint, daß gerade die Suche nach Erklärungen für den Ursprung und die Natur des Menschen und für den Sinn seines Lebens zur Herausbildung bestimmter Systeme von Gedanken, Werten und Ideologien geführt habe. Dabei betrachtet er die Werte der „individualistischen Konkurrenz" als charakteristisch für die angelsächsischen Länder, die der „Gruppenkooperation" für Länder wie Japan und die „egalitaristisch-kollektivistischen" für Länder wie die UdSSR und China. Er schreibt, daß sich die bestehenden gesellschaftlichen Systeme auf eine Konvergenz hin entwickeln. Dabei stellt sich heraus, daß sich von der Daseinsweise, die mit dem Wertesystem der „individualistischen Konkurrenz" (das heißt mit dem kapitalistischen) zusammenhängt, lediglich die „Extreme" als ungeeignet für eine Welt erweisen, in der sich die freien Räume und Ressourcen erschöpfen und komplizierte Abhängigkeiten zwischen den Staaten entstehen. Dagegen wird die Daseinsweise, die auf „egalitaristisch-kollektivistischen" (das heißt sozialistischen) Vorstellungen beruht, als gänzlich ungeeignet hingestellt, weil sie angeblich ungenügend die „wahre Natur des Menschen" widerspiegelt. Gerade darauf beruhe aber die Möglichkeit, eine neue „Weltordnung" zu errichten, in der die „Dynamik der Privatinitiative" bewahrt bleibt und gesichert wird, daß auch das Privateigentum öffentlichen Zwecken dient.

So werden auch hier abstrakt-utopische Konstruktionen, die von einer anthropologistischen Verabsolutierung der „Natur des Menschen" ausgehen, in ganz konkrete sozialpolitische Vorschläge und Folgerungen mit deutlich klassenmäßiger Zielstellung transformiert.

Ähnliche Auffassungen vertritt auch E. Laszlo in seinem Bericht an den Club of Rome („Le Systémisme: Vision Nouvelle du Monde", 1981)[26]. Er versucht, eine Systemkonzeption vom Menschen zu entwickeln, und betont, daß eine solche Konzeption den Menschen ins All zurückbringe. Als gleichzeitig biotisches und soziales Wesen sei der Mensch in seiner bewußten Individualität ein zweigesichtiger Janus, der das biotische und das soziale Universum vereinige und koordiniere.[27] Wenn auch der Mensch heute nicht mehr als Mittelpunkt der Welt angesehen werden könne, sondern nur als ein Vertreter des Tierreichs, so weise er nichtsdestoweniger Merkmale auf, zu denen es keine Analogien bei den anderen Tieren gäbe: Bewußtsein, abstraktes Denken und Sprache.

Das Bewußtsein als Fähigkeit des Systems, sich seiner eigenen Subjektivität bewußt zu werden, ist nach Laszlo nicht eine universale Eigenschaft natürlicher Systeme, aber auch keine übernatürliche Erscheinung. Es läßt sich reproduzieren in Form künstlicher Systeme; viele von diesen können im Rahmen eines „Mensch-Maschine"-Systems eine Kontrolle über das Funktionieren anderer Systeme ausüben. Unter den natürlichen irdischen Systemen besitze diese Fähigkeit nur der Mensch. Die menschliche Kultur, meint Laszlo, entstand als Folge der Evolution von Kontrollorganen, die mit hoher Empfindlichkeit biotischen Zielen dienen.[28] Man könne annehmen, daß die Entwicklung der Kultur durch eine allmähliche Umwandlung des Mittels in ein Ziel entstanden sei: Das Bewußtsein sei ursprünglich ein Mittel für das Überleben der Art gewesen, hätte aber später begonnen, selbst die Evolution des Menschen zu bestimmen. Das heutige Problem bestehe nicht darin, festzustellen, ob Kultur überhaupt notwendig sei, sondern welcher Art sie sein soll; denn die Kultur, die wir von unseren Vorfahren ererbt haben, beginne, unsere Fähigkeit, auf diesem Planeten zu überleben, in Frage zu stellen.[29]

Laszlo versucht die Frage zu beantworten, wodurch der Charakter der Kultur bestimmt wird. In der Kultur, so schreibt er, existiere ein Komplex von Faktoren, die einen bestimmenden Einfluß auf andere Lebenssphären ausüben: die in der Gesellschaft herrschenden Werte. Unter den wichtigsten kulturellen Werten hebt er Rationalität, Emotionalität, Vorstellungsreichtum und Glaubenstiefe hervor. In primitiven Kulturen befänden sich rationale, emotionale, bildhafte und mystische Elemente in synkretistischer Einheit. Allmählich fänden einige von ihnen ihren Ausdruck in der Philosophie, andere in Religion, Literatur und Kunst. Die Entwicklung des Kapitalismus hätte zur Entstehung von Werten materiellen Charakters geführt, und die gegenwärtige Entwicklung zeige, daß diese Werte eine tiefe Krise durchleben. Der weitere Fortschritt müsse auf einem neuen System von Werten fußen, die Frage nach der Beschaffenheit dieser Werte sei die wichtigste Frage unserer Zeit.

Objektive Auswahlkriterien für solche Werte lassen sich, so Laszlo, unmittelbar aus der Systemkonzeption ableiten. Es gäbe Werte, die allen natürlichen Systemen gemeinsam sind. Diese Systeme müssen die Erhaltung ihrer Existenz sichern, die Ordnung aufrechterhalten und Energie speichern, das geschieht auf Kosten der Entropie in der Umwelt. Wie sich diese Werte äußern, hängt von der Spezifik und von der Hierarchieebene des Systems ab. In den verschiedenen Kulturen manifestieren sich die Werte anders. Gegenwärtig werde das „Wohl“ mit der ständig wachsenden Produktion von Dingen gleichgesetzt, unabhängig davon, welches System – das kapitalistische oder das sozialistische – der Produktion zugrunde liegt. In diesem Zusammenhang stellt Laszlo die Aufgabe, neue und bessere Werte zu finden und sich nicht auf eine Kritik der bestehenden zu beschränken.[30]

Laszlo teilt die Werte in „deskriptive“ und „normative“ ein. Die deskriptiven würden dekretiert, die normativen postuliert, ausgehend von den Bedürfnissen der Selbstverwirklichung des Menschen. Unter Selbstverwirklichung wird eine Realisierung der Möglichkeiten, die in jedem Menschen vorhanden sind, verstanden, die Verwirklichung einer bestimmten Kombination verschiedener Möglichkeiten entsprechend dem Temperament und den bewußten Wünschen des Individuums.[31] Führt nun die zunehmende Kommunikation von Systemen nicht dazu, daß die Individuen zu „Schräubchen“ in einer Maschine werden? Stören diese Prozesse nicht die individuelle Selbstverwirklichung? Laszlo hebt hervor, daß allein schon diese Fragestellungen ein Verständnis vom Menschen und von der Gesellschaft als mechanische Systeme voraussetzt. Dagegen betrachte die Systemkonzeption den Menschen und die Gesellschaft als dynamische Systeme, deren Organisation auch das Vorhandensein von Initiative zuläßt. Gleichzeitig bedeute eine funktionelle Autonomie der Menschen nicht deren Unabhängigkeit. Laszlo schreibt: Der Systemcharakter erscheint als eine Gesamtheit von Regeln, die Teile miteinander verbinden. Aber diese Regeln zwingen die Teile nicht, in ein und demselben Sinne zu wirken.[32] Er betont weiter, daß es Ziel des Humanismus sei, den Wert der individuellen Selbstverwirklichung innerhalb der aus außerordentlich unterschiedlichen Individuen bestehenden Gesellschaft, die immer mehr deterministisch werde, wiederherzustellen.[33] Dafür sei eine Umorientierung der kulturellen Werte entsprechend den Normen der individuellen Selbstverwirklichung erforderlich. Anstelle der Werte des Überflusses, die von der westlichen Welt angeboten werden, müsse man humanistische, positive Werte setzen. Welche konkret gemeint sind, sagt er nicht, aber er akzeptiert offenbar auch nicht die Werte, die der Sozialismus anbietet. Laszlo setzt seine Hoffnung auf das „rationale Wissen“ und auf „eine natürliche Philosophie“, in die die gegenwärtigen Wissenschaften integriert werden.[34] Diese könne der Menschheit sowohl

Kenntnis über verschiedene Fakten als auch Normen aus verschiedenen ökologischen, politischen und kulturellen Systemen geben.

So findet auch diese Fragestellung nach dem Menschen unter den Bedingungen der wissenschaftlich-technischen Revolution keine rationale Antwort, vor allem, weil der Autor versucht, sich über den Kampf zwischen Sozialismus und Kapitalismus zu stellen, und die Stimuli für eine Vorwärtsbewegung nur in wissenschaftlichen Kenntnissen und in der Philosophie zu finden meint.

Diese Auffassung kommt auch in „The State of the Planet",[35] einem Bericht zur globalen Problematik, zum Ausdruck, der von der „Internationalen Föderation der Institute für höhere Studien" erarbeitet wurde, deren Leiter A. King ist. Wie auch in einigen der letzten Berichte an den Club of Rome, insbesondere in Pecceis „Die Qualität des Menschen", ist hier von den äußeren Grenzen und den inneren Beschränkungen der Gesellschaft und des Menschen die Rede. Sie lägen in der Natur des menschlichen Wesens begründet, die viele Qualitäten aufweise: sie habe es dem Menschen erlaubt, sich aus der Tierwelt zu erheben und sich andere Arten zu unterwerfen, erweise sich aber heute als direktes Gegenteil all dessen, was für eine harmonische Entwicklung der menschlichen Gesellschaft notwendig sei. Große Bedeutung wird einem besseren gegenseitigen Verständnis zugemessen, einer weltweiten Solidarität, einer neuen Weltwirtschaftsordnung usw. Dafür seien nicht die technischen und wissenschaftlichen Möglichkeiten der Gesellschaft entscheidend, sondern die Weisheit einzelner Menschen, vor allem der Leiter, wenn es um wichtige Entscheidungen geht. Als „neu" erweist sich somit die alte Idee, Wissen und Weisheit voneinander zu trennen und die Persönlichkeitsfaktoren im historischen Prozeß zu überhöhen.

Es ist charakteristisch, daß die Verabsolutierung der „menschlichen Natur", die mit utopischen Konstruktionen im gesellschaftlichen Bereich einhergeht, vom Club of Rome mit technizistischen Konzeptionen verbunden wird. Und trotzdem werden im Rahmen dieser falschen weltanschaulichen Betrachtungsweise zuweilen sehr wichtige Entwicklungsprozesse der gegenwärtigen Zivilisation aufgedeckt.

Das äußert sich besonders deutlich in dem Bericht an den Club of Rome: „Auf Gedeih und Verderb. Mikroelektronik und Gesellschaft".[36] Der Bericht soll die mit der Entwicklung der Mikroelektronik verbundenen Herausforderungen, Möglichkeiten und Probleme aufdecken und einer breiten Öffentlichkeit verdeutlichen, was diese Entwicklung für sie bedeutet. Damit soll eine durch Sachkenntnis geprägte Erörterung darüber angeregt werden, welche Wege einzuschlagen sind, damit diese neue Technik der Menschheit Nutzen und nicht Schaden bringt. Die Herausgeber betonen in ihrem Vorwort, daß der Bericht die verschiedenen Aspekte dieses komplexen, vielgestaltigen Problems berührt – technologische, wirtschaftliche, soziale, politische und andere.

Die Aufmerksamkeit wird auf allgemeine Erscheinungen bei der Anwendung der Mikroelektronik in verschiedenen Bereichen gelenkt, so bei der Schaffung automatisierter Industriebetriebe, der Automatisierung der Verwaltungs- und Büroarbeiten und der Dienstleistungen; auch der Einfluß auf Politik und internationale Beziehungen und auf die sozialökonomische Entwicklung verschiedener Länder und Regionen wird erörtert. Wichtige Seiten des Lebens, wie Beschäftigung, Freizeit, Bildung usw., werden in die Betrachtung einbezogen.

Über die weiteren Perspektiven schreiben die Autoren: Wenn man überdenke, wie die Technik, insbesondere die Mikroelektronik, im Zusammenhang mit anderen großen Veränderungsfaktoren die zukünftigen Gesellschaften prägen wird, so dürfe man annehmen, daß „wir in eine bedeutsame Übergangsperiode eintreten, die dreißig bis fünfzig Jahre dauern kann, ehe sie in einen völlig andersartigen Typus der Weltgesellschaft mündet, eine Weltgesellschaft mit viel mehr Menschen, veränderten Werten, neuen politischen und administrativen Strukturen, völlig neuartigen Formen institutionellen Verhaltens und einer technologischen Basis, die völlig anders sein wird als die uns heute vertraute und den Lebensstil aller Nationen und Kulturen von Grund auf beeinflussen wird“.[37] Als entscheidende Ursachen für diese Entwicklung werden genannt: das Bevölkerungswachstum; die Notwendigkeit einer vollständigen Erneuerung des Systems der Energieerzeugung auf diesem Planeten; die Auswirkungen der neuen Technologien, insbesondere derjenigen, die auf der Mikroelektronik beruhen.

Zutreffend wird betont, daß die kardinalen sozialen Veränderungen, die sich aus einer breiten Einführung der Mikroelektronik ergeben, ernsthafte Maßnahmen in der Leitung und Regelung dieser Prozesse erfordern werden. Die gegenwärtigen Regierungsstrukturen, beruhend auf vertikalen, sektoralen Arbeitsweisen und kurzfristigen Zielsetzungen (infolge der in kurzen Abständen stattfindenden Wahlen), seien dafür nicht geeignet. Auch die Organisationsstruktur des akademischen Betriebs und der Forschung, die ebenfalls auf vertikaler Fachspezialisierung beruht, vermag nicht, die vielschichtigen Probleme zu bewältigen. Eine Wirtschaftspolitik, die quantitatives Wachstum durch Erhöhung des Konsums stimuliert, wird sich in einer Zeit der begrenzten Ressourcen kaum als effektiv erweisen. Und internationale Lösungsversuche, die die gegenseitige Abhängigkeit der Länder nicht berücksichtigen und ihre Gleichberechtigung bei der Lösung der Weltprobleme nicht sichern, werden nicht mit den Problemen fertig werden. Der Übergang sei eine Frage der Politik, auch wenn er durch andere Faktoren hervorgerufen wurde, und erfordere großes gegenseitiges Verständnis zwischen den Völkern.

Nach diesen weitgehenden Folgerungen bemühen sich die Autoren des Berichts aber nicht, die bestehenden gesellschaftlichen Systeme differenziert zu behandeln und deren Fähigkeit oder Unfähigkeit aufzudecken, die positiven Folgen aus der Anwendung der Mikroelektronik zu entwickeln und negative soziale Folgen zu verhindern. Doch ihre einzelnen Beobachtungen und Folgerungen enthalten viele interessante Gedanken, die gründliche Überlegungen, auch philosophische, erfordern. Dazu gehört ihre Auffassung, daß es im Ergebnis der Anwendung der Mikroelektronik infolge der Automatisierung der Produktion und der Dienstleistungssphäre zu einer derartigen Steigerung der Produktivität kommen kann, daß es möglich sein sollte, alle für ein Land notwendigen Mittel, einschließlich der für Verteidigung, Gesundheits- und Erziehungswesen, Ernährung und Wohlfahrt, zu sichern und einen einigermaßen hohen Lebensstandard für alle zu gewährleisten, ohne die Ressourcen unseres Planeten zu erschöpfen oder zu vermindern, und all dies mit einem Bruchteil der heute aufgewendeten physischen Arbeitsleistung. In der Anfangsetappe würden die schmutzigen, stumpfsinnigen und gefährlichen Arbeiten beseitigt und eine kürzere Wochen- und Lebensarbeitszeit eingeführt werden. Später werde der einzelne Zeit, Mittel und Möglichkeiten haben, seinen Interessen nachzugehen, auf den Gebieten der Kunst, der Wissenschaft, des Handwerks, der Erziehung, des Sports oder anderen. Es könnte zur Abschaffung der Armut und der Tyrannei der Arbeit kommen. „Der Mikroprozessor könnte tatsächlich der Schlüssel zu Utopia werden. Aber wie in den alten Märchen, ist auch hier der Weg von allen möglichen Hindernissen verstellt; einige sind real, andere eingebildet und im Wesen der heutigen Gesellschaft verborgen."[38]

Da die Einführung von Mikroprozessoren den sofortigen Zugang zu Informationen ermöglicht, wird nach Meinung der Autoren die gegenseitige Abhängigkeit der Einzelpersonen und Länder zunehmen. Die Komplexität von Institutionen und Gesellschaftsstrukturen wird sich vergrößern. Diese Entwicklung könnte eine Dezentralisierung von Macht und Entscheidungsfindung ermöglichen, aber auch zur Verstärkung und Konsolidierung zentralisierter Macht genutzt werden. Es wird möglich werden, die Tätigkeiten und vielleicht auch die Gedanken jedes einzelnen durch Diktatoren und Gesellschaft zu überwachen. Die Forderungen nach Maßnahmen zur Sicherung der Geheimhaltung von Daten, die in Datenbanken mit Hilfe einer hochleistungsfähigen Rechentechnik gespeichert werden, kämen zur rechten Zeit.

Die Autoren heben hervor, daß unter den Bedingungen unserer stark technisch orientierten Zivilisation stets eine Dichotomie zwischen jenen, die Wesen und Funktionsweise der Technik verstehen, und jenen, die „bloß auf die Knöpfe drücken", besteht. Bei einer breiten Anwendung der Mikroelektronik könne es zu einer scharfen Scheidung zwischen wenigen Wissenden und vielen Unwissenden kommen, zu einer technokratischen Elite, was gewiß nicht wünschenswert sei. Man könne eine derartige Entwicklung vermeiden, aber nur, wenn man diese reale Möglichkeit rechtzeitig in Betracht zieht. Eine ernstere soziale Folge sei die Isolation und Selbstentfremdung des Individuums. Schon heute sei die hypnotische Macht des Fernsehapparats zu beobachten. Die bargeldlose, arbeitsfreie Informationsgesellschaft könnte diese Wirkung durchaus noch verstärken. Die Konzentration der Informationseingänge auf einen einzigen Raum, die Bündelung der Kommunikationsmöglichkeiten, viele davon unpersönlich und weit entfernt, die Dichte der Ausbildungs- und Unterhaltungsnetze – diese und viele andere Faktoren könnten die Familie von menschlichen Kontakten mit der Außenwelt isolieren. Dies könnte nur allzu leicht zu einer schleichenden Selbstentfremdung des einzelnen führen; nicht zum aktiven Rückzug in eine Gegenkultur, wie wir es heute sehen, sondern zu einer passiven und heimtückischen Selbstentfremdung, die verbunden ist mit einem Verlust an Menschenwürde und Selbstachtung.[39]

Auch hier stoßen wir wieder auf eine einseitige sozialpolitisch undifferenzierte Position; Sozialismus und Kapitalismus werden gleichgesetzt. Die Falschheit dieser Position äußert sich besonders in den Ausführungen zu dem Beschäftigungsproblem, das mit der Entwicklungsperspektive der Mikroelektronik zusammenhängt. Diese Begrenztheit muß auch beachtet werden, wenn man die vielen interessanten Aussagen über die Entwicklung des Bildungswesens und die Entwicklung des Menschen als schöpferisches Wesen, über die Fragestellung nach dem Sinn des menschlichen Lebens unter den Bedingungen einer robotisierten Gesellschaft betrachtet.

Es ist hervorzuheben, daß die abstrakte Behandlung der globalen Probleme, die sich aus der wissenschaftlich-technischen Revolution ergeben, sowie der Wege und Methoden ihrer Lösung heute und in der Zukunft nur ein Spezialfall allgemeinerer Prozesse des bürgerlich-reformistischen Denkens ist, sie findet ihren Ausdruck auch in den Konzeptionen des Szientismus und Anthropologismus zur Rolle der Wissenschaft und zu deren Zusammenhang mit dem Menschen und der Gesellschaft. Eine Reihe dieser Konzeptionen hat ihren Ursprung in der weit zurückliegenden Geschichte wissenschaftlicher Erkenntnis, viele aber entstehen auf der Grundlage der modernen Wissenschaft und ihrer gesellschaftlichen Entwicklungsbedingungen. Von ihnen war bereits in „Wissenschaftlicher Fortschritt und Zukunft des Menschen" die Rede.[40]

Wie lösen die Marxisten diese Probleme? Wie verstehen sie das Wesen des Menschen und seine Rolle in der gegenwärtigen Welt? Welcher Platz wird dem Menschen unter dem verschärften Druck der globalen Probleme eingeräumt? Und schließlich, was ist diese „menschliche Natur", an die unsere Opponenten ständig appellieren? Ist sie biotisch, genetisch bedingt oder sind die gesellschaftlichen Faktoren entscheidend?

Der Marxismus als Humanismus: Über das gesellschaftliche Wesen des Menschen und seine natürliche, biotische Existenz, seine individuelle und gesellschaftlich-historische Entwicklung

Zu Beginn einige allgemeine Bemerkungen zum *humanistischen Wesen* des Marxismus im Zusammenhang mit seinem wissenschaftlichen und revolutionären Charakter.

Die Gegner des Marxismus und die bürgerlich-reformistischen „Marxologen" bemühten sich und bemühen sich bis heute, den Marxismus als eine „ökonomische Lehre", der eigenständige philosophische Begründungen fehlen, darzustellen, ihn mit dem ihm eigenen revolutionär-praktischen Inhalt zu konfrontieren (insbesondere, wenn es um die Leninsche Entwicklungsetappe des Marxismus geht) oder Marx als einen „utopischen Propheten" hinzustellen, der sich in seinen frühen Arbeiten dem Menschen und dem Humanismus zuwandte, der sich aber später selbst „untreu" geworden sei: Aus seiner Lehre sei der Mensch „verschwunden" und habe einem starren „ökonomischen Determinismus" und einer Verabsolutierung des Soziums Platz gemacht. Allerdings muß man sagen, daß in verschiedenen Etappen der historischen Entwicklung des Marxismus auch viele seiner Anhänger ihn aus unterschiedlichen Gründen zuweilen einseitig interpretiert haben, so daß nur eine seiner Seiten vorgestellt wurde, wodurch es nicht selten zu einer Verzerrung des Marxismus als einheitliches System kam. Natürlich gab es und gibt es objektive historische Bedingungen, unter denen, wie Lenin hervorhob, die eine oder andere Seite des Marxismus in den Vordergrund gerückt werden muß. Auch hing und hängt die Interpretation des Marxismus als sich dynamisch entwickelndes theoretisches System von den subjektiven Möglichkeiten jener ab, für die er Gegenstand der wissenschaftlichen Tätigkeit ist, da deren Logik auch von der Zeit und den Umständen des Ideenkampfes diktiert wird.

Darauf machte bereits Engels aufmerksam: Das *„in letzter Instanz* bestimmende Moment in der Geschichte (ist) die Produktion und Reproduktion des wirklichen Lebens. Mehr hat weder Marx noch ich je behauptet. Wenn nun jemand das dahin verdreht, das ökonomische Moment sei das *einzig* bestimmende, so verwandelt er jenen Satz in eine nichtssagende, abstrakte, absurde Phrase ... Daß von den Jüngeren zuweilen mehr Gewicht auf die ökonomische Seite gelegt wird, als ihr zukommt, haben Marx und ich teilweise selbst verschulden müssen. Wir hatten, den Gegnern gegenüber, das von diesen geleugnete Hauptprinzip zu betonen, und da war nicht immer Zeit, Ort und Gelegenheit, die übrigen an der Wechselwirkung beteiligten Momente zu ihrem Recht kommen zu lassen."[41]

Das alles ist selbstverständlich etwas völlig anderes, als es die das Wesen des Marxismus als einheitliches System bewußt und absichtlich verfälschenden „Interpretationen" sind. Diese gehen aus von bestimmten, dem Marxismus fremden Prämissen, die ihm dann untergeschoben werden, oder man nimmt sie als „Ergänzung" des Marxismus, wie zum Beispiel in den Konzeptionen der Frankfurter Schule, in den Arbeiten E. Fromms und anderer. Deshalb ist es unsere Aufgabe, noch vollständiger *alle* Seiten des Marxismus aufzudecken, sein *Wesen* deutlich zu machen, also zu zeigen, daß der Marxismus vor allem und hauptsächlich eine *Wissenschaft von der Befreiung und Entwicklung des Menschen,* das heißt realer Humanismus ist. Alle anderen Seiten des Marxismus, so wichtig sie auch sein mögen, sind nur ein *Mittel,* dieses Ziel zu erreichen; die Befreiung und Entwicklung der menschlichen Natur ist der einzige und absolute *Selbstzweck.*

Davon ging Marx aus, und dem ordnete er seine ganze wissenschaftliche und revolutionäre Tätigkeit unter. Diese Aufgabe hat er in seiner späteren Tätigkeit nicht nur nicht verworfen, sondern im Gegenteil, er kam auf der Suche nach *Wegen* und *Methoden* für die Befreiung und Entwicklung des Menschen ihrer wissenschaftlichen und *realen* Lösung immer näher. Dem dienten auch seine politökonomischen und sozialpolitischen Forschungen, vor allem sein Hauptwerk, „Das Kapital", in dem er das Geheimnis der kapitalistischen Produktion enträtselt und die natürlich-historische Notwendigkeit des Übergangs zum Kommunismus als *wahrhaft menschliche Gesellschaft, in der die freie und allseitige Entwicklung des Menschen* möglich werden wird, beweist. Und eben damit wird der wahre Humanismus des Marxismus bestätigt, der Wissenschaftlichkeit und praktische Wirksamkeit in sich vereinigt – Marx bezeichnete ihn als *realen* Humanismus.

Heute werden auch von bürgerlichen Wissenschaftlern viele Versuche unternommen, die Probleme, die sich aus den neuen Bedingungen ergeben, die durch die wissenschaftlich-technische Revolution und die Verschärfung der globalen Probleme (Rohstoffproblem, Energieproblem, demographische und ökologische Probleme usw.) hervorgerufen wurden, neu zu durchdenken. Die Weltereignisse, das Wachstum von Produktion und Kultur, das neue Anforderungen an die Tätigkeit, das Bewußtsein und Selbstbewußtsein des Menschen stellt, an seine willensmäßigen und moralischen Eigenschaften, und die Gefahr eines thermonuklearen Weltkrieges, der die Existenz der menschlichen Gattung bedroht, erfordern (so J. Huxley) eine „Einheit des Weltbewußtseins", eine „Weltphilosophie", ein (so A. Peccei) „globales Ethos" und einen „neuen Humanismus". Man sagt, der Marxismus-Leninismus sei in dieser Beziehung „hoffnungslos veraltet", er müsse entweder gänzlich verworfen werden oder aber reformiert, so daß er dem Ideal eines „humanistischen Sozialismus" entspricht, in dem ein „neuer Humanismus" Grundlage der utopischen „neuen Gesellschaft" wird. Diese wird insbesondere von E. Fromm proklamiert, der bestrebt war, das philosophisch-anthropologische Herangehen mit einem kulturphilosophischen und sozialpolitischen zu vereinigen. Leider wird dabei mitunter formal auf den Marxismus verwiesen, obwohl diese Auffassungen nichts mit ihm gemein haben.

Andropov hob hervor: „Manchmal kann man hören, daß sich die neuen Erscheinungen des gesellschaftlichen Lebens in die Konzeption des Marxismus-Leninismus angeblich ‚nicht einfügen lassen', daß er angeblich eine ‚Krise' durchmacht und durch den Einfluß der westlichen Soziologie, Philosophie oder Politologie gewissermaßen ‚belebt' werden müsse. Es handelt sich dabei aber keineswegs um eine imaginäre ‚Krise' des Marxismus. Es geht um etwas ganz anderes, nämlich um das Unvermögen mancher Theoretiker, die sich als Marxisten bezeichnen, die wirklichen Dimensionen der theoretischen Denkweise von Marx, Engels, Lenin zu erfassen, um das Unvermögen, die gewaltige geistige Kraft ihrer Lehre im Prozeß der konkreten Erforschung der konkreten Fragen anzuwenden. Man muß hinzufügen, daß nicht wenige bürgerliche Theoretiker auf dem Gebiet der Philosophie, Soziologie, politischen Ökonomie sich größtenteils dadurch einen Namen machten, daß sie davon existierten, die marxistischen Ideen für ihre Zwecke umzudeuteln."[42] Diese weisen Worte, die unmittelbar das Wesen des Problems treffen, gelten wohl auch für das Verständnis des Marxismus als realen Humanismus, als Wissenschaft von der Befreiung und Entwicklung des Menschen – gerade als Wissenschaft, denn der Marxismus verzichtet erstmals in der Geschichte des sozialen Denkens auf ein abstraktes, unhistorisches und über den Klassen stehendes Herangehen an die Probleme des

Menschen, an die Probleme eines wahren Humanismus. Er behandelt diese Probleme auf einer realen historischen Grundlage und verbindet die Verwirklichung der Ideale der Befreiung des Menschen organisch mit der einzigen wahrhaft wissenschaftlichen Theorie der gesellschaftlichen Entwicklung, mit der revolutionären Bewegung des Proletariats, mit dem Kampf für den Kommunismus.

Diese Theorie, in den Arbeiten von Marx und Engels begründet und von Lenin unter Einbeziehung der Erfahrungen der kommunistischen Weltbewegung weiterentwickelt, findet in unserer Zeit ihre reale, praktische Verwirklichung in den Errungenschaften des Sozialismus, der für seine Entwicklung die Forderung „Alles im Namen des Menschen, alles zum Wohle des Menschen" als Leitsatz gewählt hat.

Marx wandte sich in seiner theoretischen Tätigkeit von Anfang an, noch bevor er die wissenschaftlichen, dialektisch-materialistischen Grundlagen einer neuen Weltanschauung ausgearbeitet hatte, dem Menschen zu. Er suchte den „Kategorischen Imperativ", der befiehlt, „*alle Verhältnisse umzuwerfen,* in denen der Mensch ein erniedrigtes, ein geknechtetes, ein verlassenes, ein verächtliches Wesen ist ..."[43]. Diese Schlüsselidee formulierte er in der Einführung zur „Kritik der Hegelschen Rechtsphilosophie", die er Ende 1843/Anfang 1844 schrieb, und schon hier kam er zu dem wichtigen Ergebnis, daß die einzige menschenwürdige Gesellschaftsordnung die Demokratie sei. Doch das war zu wenig; Marx suchte nach Formen für ihre tatsächliche Verwirklichung und fand sie in der Idee des Kommunismus.

Der Kommunismus hebt das Privateigentum auf, beseitigt alle Formen der Ausbeutung des Menschen durch den Menschen, setzt den Kriegen und sozialen Antagonismen sowie allen möglichen Arten gesellschaftlicher und nationaler Unterdrückung ein Ende. Die kommunistische Gesellschaftsformation stellt alle Errungenschaften von Wissenschaft und Kultur in den Dienst der Massen der Werktätigen, schafft die materiellen, sozialen und kulturellen Voraussetzungen für eine harmonische, allseitige Entfaltung der freien menschlichen Persönlichkeit. Zum höchsten Ziel der Gesellschaft wird die Entwicklung des Menschen, die zugleich Bedingung für die weitere Entwicklung der Gesellschaft selbst ist. Gerade deshalb bezeichnete Marx den Kommunismus als realen, praktischen Humanismus.

Zunächst formulierte Marx diese Gedanken abstrakt-philosophisch, aber es ist wichtig, daß er zu seiner materialistischen und kommunistischen Position auf der Suche nach gesellschaftlichen Gesetzmäßigkeiten und Wegen für die praktische Befreiung der Menschheit gelangte. Marx betonte: „*Alle* Emanzipation ist *Zurückführung* der menschlichen Welt, der Verhältnisse, auf den Menschen *selbst* ..." Erst „wenn der Mensch seine ‚forces propres' (eigenen Kräfte) als *gesellschaftliche* Kräfte erkannt und organisiert hat und daher die gesellschaftliche Kraft nicht mehr in der Gestalt der *politischen* Kraft von sich trennt, erst dann ist die politische Emanzipation vollbracht."[44] Diese Position vertrat auch Engels, er schrieb etwa ur gleichen Zeit: „Die Lösung des Rätsels ist heute ... der Mensch, und zwar die Lösung im allerweitesten Sinne. Auch das wird seine Erledigung finden."[45] Und mehr noch: „Der Mensch hat sich nur selbst zu erkennen, alle Lebensverhältnisse an sich selbst zu messen, nach seinem Wesen zu beurteilen, die Welt nach den Forderungen seiner Natur wahrhaft menschlich einzurichten, so hat er das Rätsel unserer Zeit gelöst."[46]

Doch wie ist die Welt „wahrhaft menschlich einzurichten"? Das ist das Problem. Die Begründer des Marxismus brachen mit den Illusionen des philosophischen Anthropologismus und gelangten zu einem materialistischen Verständnis der Geschichte. Sie legten die welthistorische Rolle des Proletariats dar, das sich von den Fesseln der kapitalistischen Unterdrückung befreit und die gesamtmenschliche Emanzipation, die Befreiung des Menschen als gesellschaftliches Wesen vollbringt. So bedeuten die späteren Arbeiten von Marx und Engels keinesfalls, wie es die Gegner des Marxismus darstellen, eine „Abkehr" von der Problematik des Menschen und des Humanismus, sondern umgekehrt, deren vertiefte und erweiterte wissenschaftliche Erforschung in den realen Verhältnissen, und nur in diesen ist dieses „Rätsel unserer Zeit" auch zu lösen. Das läßt sich deutlich in den Schriften der Klassiker verfolgen: in den Marxschen „Ökonomisch-philosophischen Manuskripten aus dem Jahre 1844", in denen insbesondere die Fragen der Entfremdung und der Selbstentfremdung des Menschen gründlich erörtert werden, in den „Thesen über Feuerbach", in denen das gesellschaftliche Wesen des Menschen als „Ensemble der gesellschaftlichen Verhältnisse" aufgedeckt wird, in der „Deutschen Ideologie" von Marx und Engels, im „Manifest der Kommunistischen Partei" und insbesondere in der Krönung des Marxismus, im „Kapital", in dem die gewaltige Umwälzung in der Wissenschaft von der Befreiung des Menschen, die in der Geschichte des menschlichen Denkens nicht ihresgleichen hat, ihren höchsten Ausdruck findet.

Wesentlich ist, daß wir hier die Entwicklung der Marxschen Theorie von der Befreiung des Menschen sehen, sowohl die wissenschaftliche Konzeption des Wesens und der Existenz des Menschen als auch die Konzeption seiner individuellen und historischen Herausbildung und Entwicklung. Während sich Marx in seinen frühen Arbeiten mehr der Problematik des Menschen als Gattungswesen zuwandte, erforschte er später vor allem das reale Tätigsein des Menschen als Produkt bestimmter gesellschaftlich-historischer Bedingungen und konkrete Wege und Methoden für die Befreiung des Menschen im Prozeß des revolutionären Sturzes des Kapitalismus und der Errichtung der kommunistischen Gesellschaftsformation, die die allseitige Entfaltung des Menschen sichert, in der, wie Marx und Engels im „Manifest der Kommunistischen Partei" betonen, „die freie Entwicklung eines jeden die Bedingung für die freie Entwicklung aller ist"[47].

Die Entfaltung dieser Gedanken erhält nicht nur im Ergebnis theoretischer, vor allem ökonomischer Forschungsarbeiten („Ökonomische Manuskripte von 1857/1858", „Das Kapital" und andere) mächtige Impulse, sondern auch im Ergebnis der Analyse der eigenen Erfahrungen in der revolutionären Tätigkeit (zum Beispiel: „Manifest der Kommunistischen Partei", „Kritik des Gothaer Programmentwurfs") und der Verallgemeinerung der historischen Erfahrungen des Klassenkampfes („Die Klassenkämpfe in Frankreich 1848 bis 1850", „Der achtzehnte Brumaire des Louis Bonaparte", „Der Bürgerkrieg in Frankreich").

Das Ergebnis ist der Marxismus als philosophische Orientierung des Menschen in der Welt, als Weltanschauung, und als revolutionäre Lehre von den Wegen und Methoden der sozialökonomischen und geistigen Befreiung des Menschen sowie als allseitig begründete komplexe Wissenschaft vom Menschen, von seiner Entwicklung in der Gesamtheit der gesellschaftlichen Verhältnisse, die sein Wesen und seine gesellschaftliche und natürliche, biotische Existenz bestimmen, das heißt als wissenschaftlicher, realer kommunistischer Humanismus.

Als Lenin in seinem Artikel „Karl Marx" über den Marxismus, das System der Anschauungen und der Lehre von Marx, schrieb, betonte er die „bewundernswerte Folgerichtigkeit und Geschlossenheit seiner Anschauungen". Und in der Tat, der philosophische Materialismus, die Dialektik, die materialistische Geschichtsauffassung, die Lehre vom Klassenkampf und schließlich die ökonomische Lehre, die Theorie vom Sozialismus und Kommunismus, die Taktik des Klassenkampfes des Proletariats sind im Marxismus zu einem Ganzen verschmolzen, durch konsequente Logik verbunden, dienen dem einen Ziel: der Befreiung der Menschheit. Jeder Bestandteil des Marxismus ist ein gewaltiges Forschungsgebiet, und in jedem äußert sich das Genie von Marx mit schöpferischer Kraft. Das Neue der Marxschen Lehre wuchs in kontinuierlicher Verbindung mit dem großen Erbe der Vergangenheit; seine Lehre enthält die wissenschaftlichen, revolutionären und humanistischen Aspekte in untrennbarer Einheit. Die Größe von Marx äußert sich nicht allein darin, daß er bestimmte Aspekte der Weltanschauung ausgearbeitet hat, sie liegt in der Aufdeckung und Begründung eben dieser Einheit.

Einen Schlüssel zum Verständnis dieses Problems gibt die wissenschaftliche Definition des Wesens des Menschen, die Marx bereits in den „Thesen über Feuerbach" formulierte. Für Marx stand von Anfang an fest, „daß das Wesen der ‚besonderen Persönlichkeit' nicht ... ihre abstrakte Physis, sondern ihre *soziale Qualität* ist ..."[48], und daß deshalb „die ganze Geschichte nur eine fortgesetzte Umwandlung der menschlichen Natur ist".[49] Aber er wies auch darauf hin, daß es sich „erst um die menschliche Natur im allgemeinen (handelt) und dann um die in jeder Epoche historisch modifizierte Menschennatur".[50]

Marx suchte eine Bestimmung des menschlichen Wesens in der spezifisch menschlichen Tätigkeit und im Dasein des Menschen, er fand sie in der menschlichen Arbeit. Bereits in den „Ökonomisch-Philosophischen Manuskripten aus dem Jahre 1844" betonte er: „Diese Produktion ist sein werktätiges Gattungsleben. Durch sie erscheint die Natur als *sein* Werk und als seine Wirklichkeit."[51] Eben die Arbeit hat den Menschen geschaffen, und in ihr realisiert und entwickelt er seine spezifisch menschlichen Eigenschaften. In „Zur Kritik der Politischen Ökonomie" schreibt Marx: Als „zweckmäßige Tätigkeit zur Aneignung des Natürlichen in einer oder der anderen Form ist die Arbeit Naturbedingung der menschlichen Existenz, eine von allen sozialen Formen unabhängige Bedingung des Stoffwechsels zwischen Mensch und Natur".[52] Die Arbeit ist nach Marx nicht nur ein Mittel zur Erhaltung des Lebens, sondern auch eine Form der Selbstbestätigung des Menschen: in der Arbeit „bewährt sich der Mensch ... erst wirklich als ein *Gattungswesen*".[53]

Für Marx ist die Arbeit vor allem das gesellschaftliche Verhältnis zur Natur, und folglich wird das „Gemeinsame des Menschen", sein gesellschaftlicher Charakter notwendig in das Verständnis des Wesens des Menschen aufgenommen. Mensch und Gesellschaft sind untrennbar, nur in der Gesellschaft, in bestimmten gesellschaftlichen Formationen realisiert sich der Mensch als Mensch. Marx schrieb: „Der

Mensch bleibt immer das Wesen aller dieser Wesen (Gesellschaft, Staat usw. – I. T. F.), aber diese Wesen erscheinen auch als seine *wirkliche* Allgemeinheit, daher auch als das *Gemeinsame*."[54] Entstehung und Entwicklung des Menschen und seines gesellschaftlichen Wesens bedeuten folglich Entwicklung des „Ensembles der gesellschaftlichen Verhältnisse", das heißt im Sinne des Marxismus die historische Entwicklung der Menschen, die sich vor allem in der Entstehung und Entwicklung der gesellschaftlichen Produktion ausdrückt, welche unter bestimmten Bedingungen zur Ablösung der gesellschaftlich-ökonomischen Formationen führt.

Marx und Engels betonten: „Diese Weise der Produktion ist nicht bloß nach der Seite hin zu betrachten, daß sie die Reproduktion der physischen Existenz der Individuen ist. Sie ist vielmehr schon eine bestimmte Art der Tätigkeit dieser Individuen, eine bestimmte Art, ihr Leben zu äußern, eine bestimmte *Lebensweise* derselben."[55] Und in den „Ökonomisch-philosophischen Manuskripten (1844)" schreibt Marx: „Man sieht, wie die Geschichte der *Industrie* und das gewordne *gegenständliche* Dasein der Industrie das *aufgeschlagne* Buch der *menschlichen Wesenskräfte*, die sinnlich vorliegende menschliche *Psychologie* ist, die bisher nicht in ihrem Zusammenhang mit dem *Wesen* des Menschen ... gefaßt wurde."[56]

Der Mensch ist „als beständige Voraussetzung der Menschengeschichte, ebenso ihr beständiges Produkt und Resultat".[57] Die Entwicklung des Reichtums der menschlichen Natur ist folglich die Entwicklung des Menschen als Persönlichkeit im Prozeß seiner materiellen und geistigen Tätigkeit, seiner Beziehungen zu anderen Menschen, seiner Bildung und Erziehung als Aneignung und Reproduktion der soziokulturellen Erfahrung der Menschheit, des Fortschritts der gesellschaftlichen Beziehungen und der Lebensweise, des Bewußtseins und Selbstbewußtseins sowie der moralischen Vervollkommnung.

Dabei betonte Marx die Kompliziertheit und Widersprüchlichkeit im Prozeß des Werdens der Persönlichkeit, insbesondere die Vielschichtigkeit in der Manifestation ihrer Individualität. In diesem Zusammenhang machte er auf den Unterschied zwischen dem „Individuum als Persönlichkeit" und dem „zufälligen Individuum" aufmerksam, das keine Möglichkeit hat, „sich selbst als Persönlichkeit zu verwirklichen", seine Anlagen und Fähigkeiten in einer Lebenstätigkeit und Lebensweise zu entwickeln, die seinem Wesen entsprechen, die wahrhaft menschlich sind und nur im Sozialismus und Kommunismus möglich, „jener ökonomischen Formation ..., die mit dem größten Aufschwung der Produktivkräfte der gesellschaftlichen Arbeit die allseitigste Entwicklung des Menschen sichert".[58] Der Kommunismus eröffnet die Perspektive, „eine solche Lebenslage für *alle Menschen* zu schaffen, daß ein jeder seine menschliche Natur frei entwickeln, mit seinen Nächsten in einem menschlichen Verhältnisse leben kann ..."[59]. Deshalb ist der Kommunismus das „Zeitalter des Menschen", eine neue Zivilisation mit einem neuen Menschen als Ergebnis der gesellschaftlichen Entwicklung, als deren Bedingung und Triebkraft, das heißt als „Selbstzweck."

Ein unvergängliches Verdienst von Marx und Engels ist die beispielgebende wissenschaftliche Methode, mit der sie an die Lösung der Kardinalfragen des gesellschaftlichen Seins herangingen, an Fragen, die das fortschrittliche Denken schon gestellt hatte, und mit deren Lösung es sich plagte. Bekanntlich entstand die Lehre von Marx auf der Grundlage einiger für die damalige Zeit forschrittlicher Schulen des gesellschaftlichen, philosophischen und sozialökonomischen Denkens. Sie machte sich die humanistischen Gedanken zu eigen, die für die besten und ehrlichsten Repräsentanten der Menschheit im Prozeß der vorhergehenden Geschichte eine Quelle der Begeisterung waren. Aber Marx betrachtete die grundlegenden Probleme der Menschheit nicht nur als großer Humanist, sondern auch als großer Realist. Er bewies, daß mit der Entwicklung des Kapitalismus auch die Bedingungen entstehen, die es praktisch möglich und historisch unvermeidlich machen, die Ausbeutung des Menschen durch den Menschen zu beseitigen. In seiner Analyse der kapitalistischen Gesellschaft begründete er wissenschaftlich die materielle Möglichkeit, die vor der Menschheit stehenden sozialen Probleme zu lösen. Marx entdeckte in der Arbeiterklasse die gesellschaftliche Kraft, die fähig ist, den Kampf um die revolutionäre Umwandlung der Gesellschaft zu führen, schuf eine wissenschaftliche Theorie für die Bewegung zur Befreiung der Menschheit und begründete die Rolle der kommunistischen Partei als Vorhut in diesem revolutionären Prozeß.

Wollte man aber die marxistische Bestimmung des Menschen nur auf die Aufdeckung seines gesellschaftlichen Wesens beschränken, so bliebe dies „geronnene Sozium" sehr weit von dem realen konkreten Menschen entfernt, der auf der Erde lebt, und die Geschichte würde nur als Fortschritt der Vernunft im Kampf gegen die Unvernunft erscheinen. Diese rationalistisch-aufklärerische Auffassung war Marx fremd. Er sah in der Geschichte die Tätigkeit inhaltsvoll lebender, denkender und fühlender Menschen, sah den Menschen nicht nur mit

Verstand, sondern auch mit Gefühlen versehen, mitunter in qualvolle Widersprüche zwischen den Geboten der Vernunft und den Geboten seiner „Natur", den Leidenschaften und unterdrückten Instinkten, zwischen Bewußtsein und „Unterbewußtsein" – wie wir es auch immer nennen mögen – verstrickt. Sogar in seinen komplizierten, manchmal abstrakt-theoretischen Betrachtungen (zum Beispiel im „Kapital", in dem die Abstraktion wichtigste Erkenntnismethode ist) geht es ihm ständig um den realen Menschen.

Erinnern wir uns nur daran, wie Marx die handelnden Personen bei der Erörterung der ursprünglichen kapitalistischen Akkumulation charakterisiert. Und wie ausdrucksvoll erscheinen uns die realen historischen Persönlichkeiten in anderen Werken von ihm! Wie treffend charakterisierte Engels die Helden der Renaissance. Als Marx und Engels die blutleeren Abstraktionen einer subjektlosen „Geschichte" der Menschheit kritisierten, schrieben sie: *„Die Geschichte tut nichts,* sie ‚besitzt *keinen* ungeheuren Reichtum', sie ‚kämpft *keine* Kämpfe'! Es ist vielmehr *der Mensch,* der wirkliche, lebendige Mensch, der das alles tut, besitzt und kämpft."[60]

Die Gegner des Marxismus sprechen oft von einer gewissen „Überrationalität" des Marxismus in seinem Verständnis der Geschichte und des Menschen in der Geschichte, der Marxismus erkenne den Menschen, wenn überhaupt, so nur als eine bestimmte Deduktion aus allgemeinen sozialen Prämissen an. Dabei berücksichtigen sie nicht, was Marx die „Natur des Menschen" genannt hat, nicht den Unterschied zwischen dem Wesen des Menschen als Persönlichkeit und seiner Existenz als Individuum, als Vertreter der menschlichen Gattung. In einer vollständigeren Bestimmung des Menschen ist folgendes festzuhalten: Der Mensch ist das Subjekt des gesellschaftlich-historischen Prozesses, der Entwicklung der materiellen und geistigen Kultur auf der Erde, er ist als biosoziales Wesen genetisch mit anderen Lebewesen verbunden, hat sich aber infolge seiner Fähigkeit, Arbeitsmittel zu produzieren, seiner Sprache und des Bewußtseins über sie erhoben.

Diese Bestimmung wird *vertieft* bis zur Hervorhebung des gesellschaftlichen Wesens des Menschen als Ensemble der gesellschaftlichen Verhältnisse, das aber seiner Existenz als natürlichem, biotischem Individuum, als Vertreter der Art *Homo sapiens* nicht gegenübergestellt wird. Aus der dialektisch-materialistischen Bestimmung der Verbindung und der gegenseitigen Übergänge von Wesen und Erscheinung folgt, daß die gesellschaftlichen Faktoren auch die natürlichen, biotischen Faktoren des Menschen wesentlich determinieren und keinesfalls auf diese zurückgeführt werden können. Die wissenschaftliche, marxistisch-leninistische Philosophie vom Menschen – die in enger Verbindung und Wechselwirkung mit dem gesamten System der Wissenschaften vom Menschen entsteht und sich entwikkelt – bestimmt das Wesen des Menschen nicht losgelöst von den natürlichen, biotischen Faktoren seiner Existenz, sondern im Zusammenwirken mit ihnen. Sie hebt die Bedeutung der gesellschaftlichen Faktoren für die Lebenstätigkeit des Menschen hervor und deckt die Besonderheiten der biotischen Natur des Menschen auf. Damit werden Soziologismus und Sozialbiologismus überwunden und die Richtungen für die Erforschung der Perspektiven des Menschen als biosoziales Wesen in seiner individuellen und historischen Entwicklung wissenschaftlich, dialektisch bestimmt.

Es ist jedoch zu beachten, daß die Vorstellung vom Menschen als biosozialem Wesen nur die Besonderheiten seiner vorhandenen – körperlichen und geistigen – Existenz fixiert, eben die Tatsache, daß der Mensch sowohl der natürlichen, biotischen als auch der gesellschaftlichen Welt angehört. Natürlich kann diese äußerliche Bestimmung nicht auf die inneren Merkmale des Menschen erweitert werden, dies würde zu falschen Vorstellungen von seinem „biosozialen Wesen" führen. Das Wesen des Menschen ist ausschließlich gesellschaftlich, aber seine Existenz wird nicht nur dadurch bestimmt, sondern ist in vielfacher Hinsicht auch von natürlichen, biotischen Faktoren abhängig.

Ein marxistisches Herangehen an diese Frage findet sich umfassend und konsequent in den Arbeiten vieler marxistischer Wissenschaftler. Zwar gibt es unterschiedliche Auffassungen zu einer Reihe konkreter Fragen, über die Behandlung verschiedener Aspekte des Problems, aber man sollte diese Unterschiede nicht (wie es leider manchmal geschieht) zu weltanschaulichen und ideologischen Meinungsverschiedenheiten überhöhen.

Unsere Aufgabe ist es, die Dialektik von Gesellschaftlichem und Biotischem im Menschen tiefer und vollständiger aufzudecken. Es reicht nicht aus, eine bestimmte, ein für allemal gegebene Wechselbeziehung zwischen ihnen festzustellen, sogar dann nicht, wenn wir vom Primat, der Dominanz des Gesellschaftlichen gegenüber dem Biotischen ausgehen. Die Dialektik besteht in der Vermittlung und in der Modifizierung des Biotischen durch das Gesellschaftliche: Die „*menschlichen* Gegenstände" sind nicht „die Naturgegenstände, wie sie sich unmittelbar bieten ..."[61]. Das trifft auch auf die biotischen Bedürfnisse des Menschen zu, auf deren tiefgreifende Modifizierung Marx hinwies: „Hunger ist Hunger, aber Hunger, der sich durch gekochtes, mit Gabeln und Messer gegeßnes Fleisch befriedigt, ist ein andrer Hunger als der rohes Fleisch mit Hilfe von Hand, Nagel und Zahn verschlingt."[62]

Grundlage der Vermittlung und Abwandlung des Natürlichen, Biotischen durch das Gesellschaftliche sowie Mechanismus der Realisierung ist die spezifisch menschliche Tätigkeit, vor allem die Arbeit in der Produktion, durch die die biosozialen Formen der Existenz und Entwicklung des Menschen geschaffen werden.

So wurde im Marxismus von Anfang an das Wesen des Menschen mit der Arbeitstätigkeit, mit der Produktion, verbunden. Auf die Frage nach der Vermittlung und Modifizierung des Natürlichen, Biotischen durch das Gesellschaftliche ist das Marxsche Verständnis der Dialektik von Produktion und Konsumtion anzuwenden, „... daß jede als Mittel der andren erscheint, von ihr vermittelt wird, was als ihre wechselseitige Abhängigkeit ausgedrückt wird"[63]. Natürlich ist diese Abhängigkeit nicht gleich groß für Produktion und Konsumtion, das gilt in unvergleichlich höherem Maße für das Gesellschaftliche und Biotische im Menschen, aber man darf die Elemente der Gegenseitigkeit offenbar auch in diesem, uns interessierenden Fall nicht ignorieren.

In der wissenschaftlichen Philosophie und in den verschiedenen Wissenschaften vom Menschen, die ihrer Methodik den dialektischen Materialismus zugrunde legen, werden diese wesentlichen Ansätze, insbesondere die Probleme der Vermittlung und Modifizierung des Natürlichen, Biotischen durch das Gesellschaftliche im Prozeß und im Ergebnis der menschlichen Tätigkeit, heute erfolgreich weiterentwickelt. In den letzten Jahren wurde dieses Problem tiefer und vielseitiger von der marxistischen Wissenschaft erforscht: Es wurden die gesellschaftliche Determiniertheit der individuellen Entwicklung behandelt und Grundlagen für eine philosophisch-soziologische Konzeption der Ontogenese des Menschen ausgearbeitet; die gesellschaftliche Determiniertheit des Biotischen im Menschen, einschließlich der Genetik, der ontogenetischen und der allgemeinen physischen Entwicklung, der Adaptation, sowie die Ökologie, bekamen eine konsequent dialektisch-materialistische Interpretation. In der Anthropologie wird die Auffassung vertreten, daß die Anthropogenese nicht nur unter der dominierenden Einwirkung gesellschaftlich-historischer Faktoren erfolgt, sondern daß darüber hinaus in einem bestimmten Stadium der formende Einfluß der biologischen Gesetze völlig beseitigt wird. Herausgearbeitet wurde die dominierende Bedeutung gesellschaftlicher Faktoren in der Arbeitstätigkeit des Menschen, im historischen Prozeß. In der Psychologie setzten sich, angeregt durch Arbeiten L. S. Vygotskijs und anderer, Auffassungen durch, die besonders die dominierende Rolle der gesellschaftlichen Faktoren für die Herausbildung der Psyche des Menschen betonen. In der Genetik wird gegenwärtig immer nachdrücklicher auf die Vermittlung des Biotischen durch das Gesellschaftliche verwiesen, wird die Bedeutung der Mechanismen der Abwandlung des Biotischen im menschlichen Verhalten gezeigt.

Natürlich gibt es, wie bereits betont, zu vielen Fragen, die das Problem des Gesellschaftlichen und Biotischen im Menschen betreffen, unterschiedliche Auffassungen. Nicht zufällig führen marxistische Wissenschaftler fachliche Diskussionen über dieses komplizierte und vorerst offenbar noch ungenügend untersuchte Problem. Diese Diskussionen haben meiner Meinung nach grundsätzliche Bedeutung, da sie die Besonderheiten dieser Fragestellung in der Wissenschaft bestimmen und gleichzeitig von verschiedenen Seiten her das Grundlegende für eine wissenschaftliche Lösung des Problems betonen: die Dialektik der Vermittlung und Modifizierung des Biotischen durch das Gesellschaftliche, deren Zusammenwirken und gegenseitige Beeinflussung – dabei wird das gesellschaftliche Wesen des Menschen keinesfalls seiner biotischen Natur entgegengestellt.

Dieser allgemeinen dialektisch-materialistischen Problemsicht und -lösung stehen heute zahlreiche Versuche entgegen, auf einer neuen Etappe des wissenschaftlichen Fortschritts methodologische Arten des Herangehens zu entwickeln, die auf einem idealistischen Anthropologismus und Naturalismus beruhen, der in der marxistischen Lehre vom Menschen überwunden ist. Es sind somit in vielen Fällen „Rezidive von Rezidiven", die entstanden sind, nachdem Marx das gesellschaftliche Wesen des Menschen bereits aufgedeckt und eine wissenschaftliche Konzeption der Anthropogenese und der historischen Entwicklungsperspektiven des Menschen erarbeitet hatte. Das betrifft sowohl die philosophisch-anthropologischen und sozialdarwinistischen als auch die freudistischen und ähnliche Konzeptionen. Natürlich heißt das nicht, daß in ihren philosophischen und vor allem einzelwissenschaftlichen Begründungen nichts Neues enthalten ist. Mit dem stürmischen Fortschritt der biologischen Wissenschaften entwickelten sich naturalistische Konzeptionen vom Menschen, in denen die Spezifik seiner biotischen Natur verabsolutiert wird, besonders intensiv in den verschiedenen Richtungen des modernen Sozialbiologismus. Das erfordert von den marxistischen Wissenschaftlern, der Kritik solcher und ähnlicher Konzeptionen, die mit neuen Entdeckungen der Biologie spekulieren, mehr Aufmerksamkeit zu widmen, und setzt gleichzeitig eine positive Weiterentwicklung der marxistischen Konzeption vom Menschen unter Berücksichtigung der neuen Entdeckungen voraus.

Extreme Formen nimmt die Biologisierung gesellschaftlicher Erscheinungen in der sogenannten Soziobiologie an, die mit unzulässigen Verallgemeinerungen arbeitet und das Gebiet der menschlichen Kultur als in bestimmtem Maße von der genetischen Kontrolle abhängig betrachtet. Diese Position findet sich in sehr widersprüchlicher Form in „Genes, Mind and Cultures"[64] von E. O. Wilson, einem Begründer der Soziobiologie, und Ch. J. Lumsden. Nach den Autoren schließt dieses Buch gleichsam eine Lücke in der Soziobiologie, indem es versucht, genetische Erklärungen für die Entstehung des menschlichen Verstandes und für die Vielfalt der Kulturen zu geben. Lumsden und Wilson gehen von dem Vorhandensein alternativer „Kulturgene" aus und meinen, daß sich im Prozeß der natürlichen Auslese jene durchsetzten, die für das Überleben und damit für die gemeinsame Evolution der Gene und der Kultur förderlich waren („Koevolution"). Sie sind überzeugt, daß die Art *Homo sapiens,* obwohl eine der kompliziertesten Arten, weniger schwer zu verstehen sei, als es viele Sozialtheorien glauben machen. Diese soziobiologische Betrachtungsweise mit ihrer „Vereinfachung" des Menschen und seiner Kultur muß natürlich zu einem verzerrten Bild von Mensch und Kultur führen und kann wohl kaum zu einem wissenschaftlichen Verständnis beitragen.

Der kanadische Philosoph und Methodologe M. Ruse, der sich mit biologischen Problemen schon in seiner „Philosophie der Biologie"[65] beschäftigte, sprach davon, daß sich die Biologie in Zukunft mit den Sozialwissenschaften zusammenschließen werde. Im Prozeß dieser Vereinigung werde die Soziologie (wie auch Psychologie und Anthropologie) Ergebnisse der biologischen Forschung in ihre Theorien aufnehmen. Die Untersuchung dieses Prozesses verspräche viel Interessantes. Ruse verwirklichte seine Absicht, sich mit der Soziobiologie zu befassen, und analysierte sie in seinem Buch „Sociobiology: Sense or Nonsense?"[66] Er erklärt sich als Anhänger dieser neuen Disziplin und akzeptiert viele ihrer Ausgangspositionen, die insbesondere in einigen grundlegenden Werken Wilsons dargelegt sind, so die Bestimmung des Gegenstandes und der Aufgaben der Soziobiologie und die Behandlung des Problems der Aggression. Ruse äußert die Vermutung, daß es möglich sei, den Menschen von Aggressionen zu befreien – durch Selektion und genetische Manipulierung sowie durch eine

Veränderung der Existenzbedingungen der Menschheit, mit der man den Anfang machen müsse.

Es kann der Eindruck entstehen, daß Ruse der Veränderung der Existenzbedingungen den ersten Platz einräumt, doch dem ist nicht so. Obwohl er anerkennt, daß der Mensch mehr ist als ein Tier, und sich auf alle mögliche Art von den extremen Formen des Sozialbiologismus abzugrenzen sucht – er betont dabei, daß die Soziobiologie Phänomene des Soziums nicht nur aus den biologischen Grundlagen ableite –, äußert sich der Reduktionismus, von dem sich der Autor vor allem bei der Behandlung der allgemeinen Probleme der Biologie leiten läßt,[67] eben auch hier: Dem Wesen nach reduziert Ruse das Gesellschaftliche auf die Ebene des Biotischen, oder er geht von einem Dualismus aus, wobei in vielen Fällen gesellschaftliche Phänomene vollständig durch biotische „erklärt" werden.

Ich werde hier nicht noch weitere Beispiele für Dualismus und Reduktionismus bei der Betrachtung des Zusammenhangs von Biotischem und Gesellschaftlichem anführen. Ich möchte nur eine biologistische Konzeption hervorheben, die meines Erachtens eine ernsthafte Analyse und Kritik erfordert. Sie findet sich in dem Buch von C. N. Parkinson und H. Le Compte „The Law of Longer Life"[68], das viel Aufsehen erregt hat. Die Autoren sprechen von einem Niedergang der gegenwärtigen Zivilisation und meinen, daß es in diesem Zusammenhang notwendig sei, die Aufmerksamkeit auf den Menschen zu richten, in ihm „Energie" und „Ausdauer" neu entstehen zu lassen. Das erfordere ein vernünftiges Ernährungsregime und die Beseitigung der Überbevölkerung. So könne das Leben von Menschen mit hohen intellektuellen Fähigkeiten, die erblich sind, verlängert werden. Die Autoren sprechen auch von der Bedeutung gesellschaftlicher Faktoren, glauben aber kaum an ihre Wirksamkeit.

Doch zurück zur Soziobiologie, um die die Diskussionen im Westen nicht abreißen. Dabei kommt es häufig zu heftigen Auseinandersetzungen; denn die neue Disziplin oder einige ihrer grundlegenden Thesen finden nicht nur Anerkennung, sondern stoßen auch auf strikte Ablehnung. Das zeigen die Diskussionen in der Amerikanischen Assoziation zur Förderung der Wissenschaften, die in „Sociobiology: Beyond Nature/Nurture?"[69] wiedergegeben sind. Viele Autoren, darunter E. O. Wilson und R. Dawkins verteidigten hartnäckig die Soziobiologie, während eine Reihe führender Wissenschaftler überzeugende Gegenargumente äußerten.

Aber diese Kritik der Soziobiologie ist nicht erschöpfend; denn sie stützt sich nicht auf wissenschaftliche Vorstellungen vom gesellschaftlichen Wesen des Menschen, von der Dialektik der Vermittlung und Abwandlung des Natürlichen, Biotischen durch das Gesellschaftliche, von deren Zusammenwirken und ihrer gegenseitigen Beeinflussung. Das betrifft vor allem die Behandlung ethischer Probleme (nicht nur in den Konzeptionen der Soziobiologie, sondern auch darüber hinaus), insbesondere des Altruismus. Diese werden häufig nicht aus den gesellschaftlichen Bedingungen der menschlichen Tätigkeit abgeleitet, sondern biologisch, meist evolutionsgenetisch begründet. Stark in den Vordergrund treten dabei auch neo-freudistische Vorstellungen und ethologische Untersuchungen, die gerade in der Soziobiologie in biologischem Sinne behandelt werden.

So sind die Folgerungen von Ruse, es sei mehr als wahrscheinlich, daß Ethik und moralische Gefühle nach biologischen Gesetzen vererbt werden[70], kaum überzeugend. Nicht zufällig hat in „Sociobiology: Beyond Nature/Nurture?" gerade die soziobiologische Behandlung der Ethik und der Werte überhaupt, der Politik usw. die größten Einwände hervorgerufen.

Die Reduktion der Ethik auf ihre biologische Komponente läßt viele negative Verhaltensmerkmale des Menschen und sogar bestimmte gesellschaftliche Erscheinungen wie Kriege als „angeboren" (und damit in bestimmtem Maße als „natürlich" und „ewig") erscheinen. Aber eine Reihe von Wissenschaftlern stellt diese Reduktion auch in den Dienst positiver Ziele, von Humanismus und Fortschritt der Menschheit (jedenfalls in ihrer ursprünglichen Absicht). Am deutlichsten wurde dies in den Arbeiten J. Huxleys, vor allem in seiner Konzeption eines „evolutionären Humanismus"[71]. Sie besagt im wesentlichen, daß das Streben des Menschen nach Bildung, Kultur und Wissenschaft evolutionsgenetisch bedingt sei, es bedeute eine ununterbrochene Entwicklung und Vervollkommnung der „Natur des Menschen". Da Huxley – anders als K. Lorenz und R. Ardrey – diese Entwicklung in altruistischem Sinne auffaßt, ist seine Zukunftsbetrachtung, auch wenn er von abstrakt-utopischen Positionen eines „Weltbewußtseins" ausgeht, in dieser Hinsicht von Optimismus getragen.

Doch für diese und ähnliche Vorstellungen ist eine allgemeine Begrenztheit kennzeichnend, die der „evolutionsgenetischen Ethik" überhaupt eigen ist, einschließlich der Auffassungen von Lorenz, Ardrey, Huxley und jener, die sich heute der Soziobiologie verschrieben haben. Diese Begrenztheit besteht jedoch keineswegs, wie es manche behaupten, in dem Versuch, die natürlichen, biotischen Voraussetzungen für das Sozialverhalten des Menschen, einschließlich seiner moralischen Eigenschaften, zu erkunden.

Schon Engels und Lenin sprachen von der Bedeutung derartiger Untersuchungen in Beziehung zum Denken und Bewußtsein des Menschen. Die Begrenztheit der „evolutionsgenetischen Ethik" liegt in der Reduktion der Ethik auf Biologie und Genetik und in der Verabsolutierung. Der Marxismus-Leninismus weist die verschiedenen biologistischen Ansätze im Verständnis des Menschen und seines Wesens wie auch Vorstellungen von einer „zwiespältigen Natur" des Menschen zurück. Zwar sind in verschiedenen Entwicklungsstadien des Menschen auch biotische Faktoren, die in vermittelter und „aufgehobener" Form wirken, von größerer oder geringerer Bedeutung, aber nicht auf dieser Ebene sind die Wesenskräfte des Menschen zu suchen, nicht auf diesem Wege lassen sich die konkreten Mechanismen, Bedingungen und Mittel für deren Realisierung im individuellen Werden, in der Entwicklung des Menschen und in seiner Geschichte aufdecken. Diese Mechanismen und Bedingungen sind schon in der marxistischen Definition vom Wesen des Menschen als „Ensemble der gesellschaftlichen Verhältnisse" festgehalten und in dem Verständnis, daß „als letztes Resultat des gesellschaftlichen Produktionsprozesses die Gesellschaft selbst, d. h. der Mensch selbst in seinen gesellschaftlichen Beziehungen"[72] erscheint. Hier besteht ebenfalls ein dialektischer Zusammenhang zwischen dem Werden und der Entwicklung des Menschen als Individuum und Persönlichkeit und seiner Geschichte als Fortschritt der menschlichen Gesellschaft, da in beiden Fällen dieselben gesellschaftlichen Gesetze wirken.

Nach Marx ist das Zentrum dieses Zusammenwirkens das gegenständliche Verhalten des Menschen als gesellschaftlichen Wesens. In den „Ökonomisch-philosophischen Manuskripten (1844)" schrieb er: „Der Mensch – so sehr er daher ein *besondres* Individuum ist, und grade seine Besonderheit macht ihn zu einem Individuum und zum wirklichen *individuellen* Gemeinwesen – ebensosehr ist er die *Totalität* ..., wie er auch in der Wirklichkeit sowohl als Anschauung und wirklicher Genuß des gesellschaftlichen Daseins wie als eine Totalität menschlicher Lebensäußerung da ist."[73] Die Individualität des Menschen, seine Einmaligkeit äußert sich in der organischen Einheit des Entwicklungsprozesses all seiner Bedürfnisse und Fähigkeiten, die sich vermittelt durch gegenständliche Formen, Verfahren und Mittel der Kultur herausbilden – durch Arbeit, Sprache, Fertigkeiten, Fähigkeiten, Kenntnisse, künstlerisches Schaffen und andere. Marx sagt: „Der Mensch eignet sich sein allseitiges Wesen auf eine allseitige Art an, also als ein totaler Mensch."[74] „Jedes seiner *menschlichen* Verhältnisse zur Welt, Sehn, Hören, Riechen, Schmecken, Fühlen,

Denken, Anschauen, Empfinden, Wollen, Tätigsein, Lieben ... sind", so betonte er, „in ihrem *gegenständlichen* Verhalten oder in ihrem *Verhalten zum Gegenstand* die Aneignung desselben. Die Aneignung der *menschlichen* Wirklichkeit ..."[75]

Diese Worte von Marx erwiesen sich als Schlüssel für das Verständnis der Mechanismen, Bedingungen und Mittel der Herausbildung und der individuellen und geschichtlichen Entwicklung des Menschen sowie der Wechselbeziehung gesellschaftlicher und biotischer Faktoren im Menschen. Und damit wird es auch möglich, die Perspektiven des Menschen wissenschaftlich zu bestimmen.

Der ganze Prozeß erscheint somit als Aneignung und Reproduktion der gesellschaftlich-kulturellen Erfahrung der Menschheit, ihrer materiellen und geistigen Kultur im Verlauf der Teilnahme am soziokulturellen Fortschritt der Menschheit, während der Bildung, Erziehung und Entwicklung des Menschen.

Diese historische Betrachtungsweise, die die gesellschaftlichen Mechanismen, Bedingungen und Mittel der Herausbildung des Menschen erklärt, findet sich in der sowjetischen Literatur der zwanziger und dreißiger Jahre in den Arbeiten L. S. Vygotskijs[76], später bei S. L. Rubinštejn[77] und danach bei den Fortführern dieser Arbeiten – vor allem bei A. N. Leont'ev[78] und anderen[79]. Ausgehend von der Marxschen Lehre über das gesellschaftliche Wesen des Menschen und der formenden Einwirkung der gegenständlichen Tätigkeit, in deren Verlauf die „Aneignung der menschlichen Wirklichkeit" erfolgt, haben die sowjetischen Wissenschaftler gezeigt, daß ein historisches Herangehen die wesentliche Voraussetzung für das Verständnis der Mechanismen, Bedingungen und Mittel der Herausbildung der Persönlichkeit ist. Diese Betrachtungsweise steht den biologistischen und naturalistischen Konzeptionen entgegen; sie rückt die gesellschaftliche, kulturhistorische Entwicklung des Menschen, einschließlich der Veränderung seiner biotischen Natur im Ergebnis dieser Entwicklung, in den Vordergrund der Überlegungen.

Der historischen Methode wird nicht selten die „Lehre" von den „zwei Programmen" der Entwicklung des Menschen – des genetischen und des „nichtgenetischen" (sozialen, kulturellen usw.) Programms – entgegengesetzt. Es gibt auch Versuche, die Pavlovsche Lehre von der höheren Nerventätigkeit, die neuen Vorstellungen von der systemhaften Tätigkeit des Gehirns sowie die biologischen Untersuchungsergebnisse über die Verstandestätigkeit und über die evolutionsgenetischen Voraussetzungen für das menschliche Verhalten als unvereinbar mit der historischen Methode hinzustellen. Diese Vorstellungen, die manchmal in „reinen Soziologismus“ münden, führen nicht weiter, und so grenzen sich viele Wissenschaftler, insbesondere jene, die das Erbe Vygotskijs schöpferisch weiterentwickeln, von ihnen ab. Dabei betonen sie, wie beispielsweise Leont'ev, daß es unbegründet sei, die psychologischen Probleme in zwei Gruppen zu unterteilen: in Probleme, die auf der Grundlage der Lehre Pavlovs bearbeitet werden, und in Probleme, die auf der Grundlage des historischen Materialismus zu bearbeiten sind. Die wirkliche Aufgabe, schrieb Leont'ev, „besteht doch darin, an alle Probleme der Psychologie des Menschen einheitlich heranzugehen und sie in das System einer einheitlichen Wissenschaft einzubeziehen“.[80]

Die Forderung des hervorragenden sowjetischen Psychologen, einheitlich an diese Probleme heranzugehen und das System einer einheitlichen Wissenschaft auszuarbeiten, läßt sich meines Erachtens auch weiter fassen, sie läßt sich auf die marxistische Lehre vom Menschen insgesamt beziehen, einschließlich des Problems, die gesellschaftlichen und biotischen Faktoren der Existenz und Entwicklung des Menschen zueinander in Beziehung zu setzen. Natürlich handelt es sich nicht um irgendeine „Parität“, um eine „Komplementarität“, um ein „Sowohl – Als-auch“ oder um andere eklektische Vorstellungen von der Einheit des Gesellschaftlichen und des Biotischen im Menschen. Anders ist es, wenn wir uns dem Wesen des Menschen zuwenden, dem, was Marx als „Aneignung der menschlichen Wirklichkeit“ bezeichnete. Diese Frage ist nur zu lösen, indem die gesellschaftlichen Mechanismen, Bedingungen und Mittel, die den Menschen zum Menschen in seiner individuellen und gesellschaftlichen Entwicklung machen, erforscht werden.

„Das Individuum *ist das gesellschaftliche Wesen.* Seine Lebensäußerung – erscheine sie auch nicht in der unmittelbaren Form einer *gemeinschaftlichen,* mit andern zugleich vollbrachten Lebensäußerung – *ist* daher eine Äußerung und Bestätigung des *gesellschaftlichen Lebens.*“[81] Die menschliche Tätigkeit, die sich in vermittelt-gegenständlicher oder sprachlicher Form äußert, schafft über die Kommunikation Bedingungen und Mittel für die individuelle und historische Entwicklung des Menschen als gesellschaftliches Wesen. Dabei, so betonen V. V. Davydov und V. P. Zinčenko zu Recht, „ergibt sich für die Wissenschaft die grundlegende Aufgabe, zu bestimmen, wie sich der Inhalt der geistigen Entwicklung der Menschheit in seine Formen verwandelt, und wie die Aneignung dieser Formen durch das Individuum zum Inhalt des Bewußtseins wird.[82]“ So ist die Aneignung der soziokulturellen Erfahrungen der Menschheit im

Prozeß der Erziehung und Bildung Grundlage für die Entwicklung des Menschen. Folglich ist die individuelle psychische Tätigkeit im gesellschaftlichen Verkehr, in der kollektiven Tätigkeit „vorgegeben". Davydov und Zinčenko betonen, daß ein derartiges Herangehen es ermöglicht, den gesellschaftlich-historischen Charakter der Fähigkeiten mit ihrer Reproduktion, mit der Erkenntnistätigkeit des Individuums, die auf die Aneignung dieser Fähigkeiten gerichtet ist, zu verbinden. Die schöpferischen Möglichkeiten des Individuums bilden sich ebenfalls im Prozeß der Reproduktion jener Erfordernisse und Fähigkeiten heraus, die dem Talent und der Begabung zugrunde liegen. Es ist hervorzuheben, daß diese psychischen Eigenschaften der Persönlichkeit sozial kultivierter Natur sind, deren Aneignung bei den einzelnen Menschen von den konkret-historischen Bedingungen der Erziehung und Bildung bestimmt wird.[83]

Von vielen sowjetischen Wissenschaftlern – Psychologen, Pädagogen und Philosophen – wurde dieses Herangehen durch Grundlagenuntersuchungen untermauert (ihre Arbeiten sind in den erwähnten Werken von Leont'ev, Davydov und Zinčenko aufgeführt).

Die historische Betrachtungsweise (natürlich nicht in ihrer soziologistischen Interpretation) ermöglicht es, die Dialektik der Vermittlung des Biotischen durch das Gesellschaftliche zu erfassen, die „*vermenschlichte* Natur" und „die *menschliche* Sinnlichkeit" als Ergebnis der „Arbeit der ganzen bisherigen Weltgeschichte" zu erkennen.[84] Ein solches Herangehen erlaubt es meines Erachtens auch, die Perspektiven des Menschen richtig zu erfassen, einschließlich der Perspektive seiner biotischen Natur, die als „vermenschlicht", das heißt als im Ergebnis der menschlichen Tätigkeit, des soziokulturellen Fortschritts der Menschheit vermittelt und modifiziert zu verstehen ist.

Das Problem des Menschen und seiner Zukunft ist also vor allem ein aktuelles gesellschaftliches Problem, das die lebenswichtigen Grundlagen der Menschheit betrifft.

Das beginnen viele fortschrittliche Wissenschaftler im Westen zu verstehen, auch jene, die nicht bewußt marxistische Auffassungen vertreten. Auch wenn wir die Lösungen, die sie vorschlagen, nicht akzeptieren können, ist es wichtig, diesen Prozeß zur Kenntnis zu nehmen, er ist symptomatisch und zeigt das Unbefriedigtsein mit der im Westen vorherrschenden Betrachtungsweise dieses Problems.

Leider werden von diesen Wissenschaftlern die tieferen sozialpolitischen Aspekte der angebotenen Alternativen nicht berücksichtigt, auch nicht der grundlegende Unterschied im Aufwerfen und

Lösen menschlicher Probleme, beispielsweise der Erziehung und Bildung des Menschen, im Sozialismus und im Kapitalismus.

Der Entwicklung des Menschen, seiner Erziehung und Bildung dient das ganze Leben der sozialistischen Gesellschaft, von der Produktionssphäre bis in den geistigen Bereich. Der Mensch, sein Wohl werden zum „Selbstzweck" der gesellschaftlichen Entwicklung, die auf die kommunistische Perspektive gerichtet ist. Die Aufgabe, den neuen Menschen heranzubilden, ist im Sozialismus ein zentrales Problem, dessen Lösung untrennbar mit der weiteren Entwicklung der Gesellschaft, mit dem sozialökonomischen wissenschaftlich-technischen Fortschritt und mit der Entwicklung aller Bereiche der Gesellschaft verbunden ist. Hier geht es um einen dialektischen Zusammenhang: Mit dem Aufbau der neuen Gesellschaft wird der neue Mensch herangebildet, und mit der Heranbildung des neuen Menschen wird die neue Gesellschaft – der Kommunismus – aufgebaut.

Darauf gründet sich das Programm der gesellschaftlichen Entwicklung des Sozialismus, das auf eine maximale Entwicklung der Wesenskräfte des Menschen und die Sicherung seiner Zukunft gerichtet ist. Dieses Programm ist insbesondere in den Beschlüssen des XXIV. und XXV. Parteitags der KPdSU niedergelegt und in der Verfassung der UdSSR verankert. Der XXVI. Parteitag hat es mit Nachdruck bestätigt. In den „Hauptaufgaben der wirtschaftlichen und sozialen Entwicklung der UdSSR in den Jahren 1981–1985 und im Zeitraum bis 1990", die vom Parteitag beschlossen wurden, heißt es: „In den achtziger Jahren wird die Kommunistische Partei die Verwirklichung ihrer Wirtschaftsstrategie konsequent fortsetzen, deren höchstes Ziel die stetige Hebung des materiellen und kulturellen Lebensniveaus des Volkes, die Schaffung bester Voraussetzungen für eine allseitige Entfaltung der Persönlichkeit auf der Grundlage der weiteren Steigerung der Effektivität der gesamten gesellschaftlichen Produkion, der Erhöhung der Arbeitsproduktivität und einer zunehmenden Aktivität der sowjetischen Menschen ... ist."[85]

Die nachfolgenden Beschlüsse des ZK der KPdSU, vor allem des Novemberplenums 1982, stellten neue Aufgaben für die Entwicklung der Produktion, für die Lösung der sozialen Probleme und für die Heranbildung des neuen Menschen, für die Entwicklung seiner beruflichen Qualifikation, der Arbeitsdisziplin, des Bewußtseins und der Moral.

Viele komplizierte Fragen, auch auf sozialphilosophischem Gebiet, bedürfen noch der Bearbeitung. Es gibt im Leben neue Erscheinungen und Tendenzen, die nicht immer berücksichtigt und in der fachwissenschaftlichen und philosophischen Literatur zuweilen einseitig interpretiert werden. Im Zusammenhang mit diesen neuen Erscheinungen, die den Menschen und seine Zukunft betreffen, gewinnt eine richtige, der marxistisch-leninistischen Ideologie entsprechende Problemstellung immer größere Bedeutung. Es geht um das Verständnis vieler konkreter Fragen, die die Heranbildung des neuen Menschen betreffen: um die Erziehung zu einer schöpferischen Einstellung zur Arbeit, um die allgemeine kulturelle und moralische Entwicklung, die gesellschaftliche Aktivität, die politische Bewußtheit, das Verstehen der Ziele und Aufgaben der gesellschaftlichen Produktion und des ganzen Lebens. Gerade diese Eigenschaften der Menschen bilden einen der entscheidenden Vorzüge des Sozialismus gegenüber dem Kapitalismus, sie sind untrennbare Kennzeichen des kommunistischen Ideals vom Menschen.

Diese Hinwendung zum Ideal bedeutet nicht, den Schwierigkeiten und komplizierten Umständen des Lebens aus dem Wege zu gehen. Das würde einer Erziehung im „Treibhaus" gleichkommen und den Menschen jeder ernsthaften Prüfung gegenüber wehrlos machen. Schon die Definition des Ideals setzt voraus, seine Antipoden zu erkennen. Unser Ideal ist der aktive schöpferische Mensch, der Schwierigkeiten nicht fürchtet, sondern sie bekämpft und überwindet. In unserem Leben vollzieht sich jener Kampf und das ewige Streben des Menschen, eine Harmonie mit sich selbst und mit der Natur zu erreichen[86], der Mut, Hartnäckigkeit und Moral erfordert. In der Sowjetunion gibt es keine antagonistischen Widersprüche in den gesellschaftlichen Verhältnissen, aber es kann zu Situationen kommen, in denen sich für ein Individuum dramatische Konflikte ergeben. Es vollzieht sich ein Kampf des Alten mit dem Neuen, der nicht konfliktlos sein kann. Dabei kommt es leider auch zu menschlichem Versagen und zu Verlusten, und dies nicht selten, weil die Erziehung der Jugend noch nicht genügend darauf gerichtet ist, Schwierigkeiten zu überwinden, mit ihnen zu kämpfen. Offenbar ist es an der Zeit, auf neue Weise und – was das Wichtigste ist – realistischer viele Fragen der moralischen Erziehung, der psychologischen Vorbereitung der Menschen zu durchdenken. Psychologische Fertigkeiten sind nicht nur für Kosmonauten und Sportler notwendig, sondern für jeden, damit jeder seine Fähigkeiten vollständiger entfalten, selbstbewußter und glücklicher leben und arbeiten kann.

Auf diesen Gebieten gibt es viele Probleme, und nicht erst seit heute. Faßt man die Probleme, die mit der Heranbildung des neuen Menschen entstehen, zusammen, so kann man als Wichtigstes die zielgerichtete allseitige Entwicklung des Menschen, das heißt die Erhöhung seiner Kultur im allgemeinsten Sinne des Wortes, herausheben. Die Mängel auf diesem Gebiet sind die Hauptursache aller anderen Mängel, auch der ökonomischen. Häufig wird die Meinung vertreten, daß es unter den gegenwärtigen Bedingungen ökonomisch am effektivsten sei, Investitionen in der Wissenschaft vorzunehmen, weil sie einen gewaltigen, ständig steigenden volkswirtschaftlichen Nutzeffekt erbringen. Wer aber hat ausgerechnet, welcher „Nutzeffekt" aus den Aufwendungen für jene Bereiche entspringen kann, die dem Menschen unmittelbar dienen und zu seiner Entwicklung beitragen? Die Heranbildung des neuen Menschen ist nicht nur Selbstzweck, sondern auch die gesellschaftlich wirksamste Handlungsweise. Erinnern wir uns immer an diese Tatsache? Stören uns nicht manchmal alte Bewußtseinsstereotype, die von falschen Prioritäten und Werten ausgehen? Offenbar stehen noch große Aufgaben vor uns, um eine komplexe Erneuerung der Wege, auf denen der neue Mensch herangebildet wird, zu sichern.

Das Problem des Menschen und seiner Zukunft und die philosophisch-methodologischen Lösungswege dieses Problems sind also notwendig mit ökonomischen und sozialpolitischen, mit ideellen, erzieherischen und praktischen, organisatorischen Fragen verbunden. Dieser Zusammenhang der Fragen, die sich auf den Menschen und seine Zukunft beziehen, ist durch das Leben selbst und durch die Erkenntnislogik objektiv gegeben. Er zeugt von der Komplexität des Problems und von der Notwendigkeit einer komplexen Lösung, die nur mit einem wissenschaftlichen Herangehen, nur mit einer wissenschaftlichen Methodologie erreicht werden kann.

Es ist charakteristisch, daß auch die Wissenschaft selbst, einschließlich der Naturwissenschaft, die diesen Bereich gar nicht unmittelbar zu berühren scheint, aus ihrer inneren Entwicklungslogik heraus, das Problem des Menschen als zentrale Problematik im gesamten System der wissenschaftlichen Erkenntnis sieht. Mehr noch, es verändern sich in diesem Zusammenhang die Funktionen der Wissenschaft, ihre weltanschaulichen Grundlagen und Wertorientierungen. Diese Prozesse sind so grundlegend und perspektivisch, daß sie gesondert betrachtet werden müssen.

Die Wissenschaft in der heutigen Welt und die heutige Welt der Wissenschaft: Soziologisierungs- und Humanisierungsprozesse, Erkenntnis und Werte, sozialethische und humanistische Prinzipien der Erkenntnis

Wenn wir uns der Analyse der gegenwärtigen Wissenschaft zuwenden, ergeben sich mindestens vier miteinander verbundene Fragen:

1. Was ist Wissenschaft, und wie entsteht und wirkt sie als bestimmte Art menschlicher Tätigkeit, der Orientierung des Menschen in der Welt?

2. Warum entwickelt sich die Wissenschaft in verschiedenen Etappen der Geschichte in unterschiedlicher Weise?

3. Wozu existiert die Wissenschaft (ihr Verhältnis zu Mensch und Gesellschaft)?

4. Und schließlich eine relativ neue Frage: Welche Möglichkeiten hat der Mensch zur Regulierung der Wissenschaft und wie lassen sie sich verwirklichen?

Mit der Beantwortung dieser Fragen werden verschiedene Ebenen und Sphären der Erforschung der Wissenschaft bestimmt: die sozialphilosophische, die historische, die soziologische, die wertmäßige (humanistische) und schließlich die der Leitung und Organisation der Wissenschaft.

Wir wenden uns hier hauptsächlich dem Verhältnis Mensch – Wissenschaft – Humanismus zu, das selbstverständlich im Zusammenhang und im Zusammenwirken mit anderen Arten der Erforschung der Wissenschaft zu betrachten ist.

Es ist wohl kaum nötig, hier an allgemein bekannte Dinge zu erinnern – an die enorm gewachsene Rolle der Wissenschaft im Leben der Gesellschaft. Bekannt ist auch, daß im Ergebnis der wissenschaftlich-technischen Revolution die Wissenschaft immer mehr zur unmittelbaren Produktivkraft wird. Die Wissenschaft selbst ist eine besondere gesellschaftliche Institution, ihre Funktion ist wesentlich abhängig von den Bedingungen – sozialistischen oder kapitalistischen –, unter denen sie sich historisch realisiert. Die Wissenschaft erlangte Massencharakter, das betrifft sowohl ihren Organisationstypus als auch die Forschungsverfahren, die oft eine Konzentration ungeheurer materieller und personeller Ressourcen voraussetzen.

Doch es geht nicht nur darum. Für unsere Ziele ist es vielleicht noch wichtiger, daß die moderne Wissenschaft, die spürbare Veränderungen in der Sphäre der materiellen Produktion hervorruft, zu einem entscheidenden Faktor für soziale Veränderungen, für eine höhere Bildung und Kultur der Gesellschaft und der Persönlichkeit wird. Und in diesem Sinne erweist sie sich als Kraft, die zur Entwicklung des Menschen selbst, seiner schöpferischen Anlagen und Begabungen beiträgt. Doch bereits Marx hob hervor, daß in einer antagonistischen Klassengesellschaft selbst „das reine Licht der Wissenschaft ... nur auf dem dunklen Hintergrund der Unwissenheit leuchten“ kann.[87] Das findet seinen Ausdruck auch darin, daß die Wissenschaft im Leben der meisten Menschen, eingeschlossen die Bevölkerung vieler industriell entwickelter Länder, keine große (manchmal auch gar keine) Bedeutung hat.

Aber zurück zu unserer Problematik! Wir kommen nicht umhin, festzustellen, daß die moderne Wissenschaft in vielen Fällen die „Kluft zwischen den Menschen“ nicht nur nicht verringert, sondern sogar vertieft hat. Allein im Jahre 1979 sind auf der Welt 50 Millionen Menschen verhungert, und es gab 900 Millionen Analphabeten. Die Wissenschaft trägt zwar zu einem Anwachsen des Wissens bei, doch sie führt auch zu einer noch größeren Distanz zum Menschen, die im Kapitalismus ohnehin schon bedrohliche Formen angenommen hat. Die massenhafte „wissenschaftliche Produktion“ bringt ebenso einen „Teilarbeiter“ hervor wie die industrielle Großproduktion. Durch die Anwendung der neuen Ergebnisse der Wissenschaft verschärft sich unter den Bedingungen der traditionellen Technologie der gesamte Komplex der gegenwärtigen globalen Probleme, das betrifft vor allem die Probleme, die sich aus dem Verhältnis Natur und Gesellschaft ergeben. Am verhängnisvollsten ist es jedoch, daß die Wissenschaft, in den Dienst des Militarismus gestellt, zu dem mörderischen Wettrüsten beizutragen hat, das in den Abgrund eines thermonuklearen Krieges führen kann.

Damit wird nicht nur erklärt, daß viele Menschen enttäuscht von der Wissenschaft sind, sondern auch, daß sie in Furcht vor ihr leben, sie als „Bedrohung“ empfinden. Im Westen wird die Wissenschaft mitunter als „Büchse der Pandora“ hingestellt, die die Hoffnung, aber auch alle Übel für die Menschheit in sich birgt. Die linksradikale „Kritik der Wissenschaft“, die sich als neue Denkrichtung, mit der Forderung einer „Gegenkultur“, etablierte, erlangt immer größere

Verbreitung, sie wird zum wesentlichen Attribut eines antiszientistisch orientierten Massenbewußtseins.

Die gegenwärtige Situation wird oft als „Krise der Wissenschaft" interpretiert, als Krise, die die gesellschaftlichen und weltanschaulichen Grundlagen und Orientierungen der Wissenschaft berührt. Aber hier sind zumindest zwei scharf ausgeprägte Erscheinungen zu erkennen, die sich als Tendenzen in den gesellschaftlichen und weltanschaulichen Zielsetzungen der Wissenschaft durchsetzen und Wege zu einer Überwindung dieser Krise weisen:

Erstens. Die Wissenschaft als besondere Form menschlicher Tätigkeit tendiert dahin, sich wieder mit dem unmittelbaren Subjekt dieser Tätigkeit, dem Menschen, zu vereinigen. Sie wird von einer gesellschaftlich entfremdeten Tätigkeit immer mehr zu einer „menschlich meßbaren", das heißt zu einer mit dem Menschen, mit seinen Eigenschaften und Bedürfnissen verbundenen Tätigkeit. Das äußert sich nicht nur in ihren gesellschaftlichen Zielen und Ergebnissen, sondern auch unmittelbar und zeugt von der wachsenden Rolle des Menschen als dem Subjekt wissenschaftlicher Tätigkeit. (Die Leistungsfähigkeit der technischen Hilfsmittel der Erkenntnis nimmt zwar weiterhin zu, diese haben aber bereits die „dämonische" Bedeutung, die ihnen in den ersten Etappen der wissenschaftlich-technischen Revolution zugeschrieben wurde, verloren.) Die Wissenschaft dringt immer gebieterischer nicht nur in das gesellschaftliche, sondern auch in das individuelle (manchmal bis in das intime) Leben des Menschen ein, verändert es und unterwirft es neuen Standards und Strukturen. Von großer Bedeutung für diesen Prozeß ist die Tatsache, daß der Mensch in der Einheit seiner gesellschaftlichen und biotischen Eigenschaften in verstärktem Maße zum Objekt wissenschaftlicher Forschung – der Naturwissenschaften und der Sozialwissenschaften – wird. Die Notwendigkeit, bei diesen Forschungen, die menschlichen Besonderheiten zu beachten, findet ihren Ausdruck in einer ganzen Reihe von spezifischen Regeln und Verboten. Das wirkt sich auch entscheidend auf solche Erkenntnismittel wie das Experiment aus. Bei Experimenten am Menschen sind viele Faktoren zu berücksichtigen, die sich nicht unmittelbar aus der Forschung selbst ergeben. Damit wird die Wissenschaft in noch stärkerem Maße von der Gesellschaft abhängig, das heißt soziologisiert. Gleichzeitig jedoch wird diese Verbindung individualisiert, erhält einen persönlichkeitsbezogenen Charakter, verliert in vielfacher Hinsicht ihre anonym entfremdeten Formen.

Zweitens. Die Tendenz einer deutlicheren, unmittelbaren Soziologisierung und Humanisierung der Wissenschaft spiegelt allgemeinere Prozesse wider, die mit der Notwendigkeit einer sozialethischen und humanistischen Regulierung der Wissenschaft, ihrer Leitung im nationalen, regionalen und – was sehr wichtig ist – im globalen Maßstab verbunden sind. Natürlich treten diese Tendenzen im Kapitalismus und im Sozialismus in unterschiedlicher Weise ins Bewußtsein und äußern sich verschieden. In bezug auf die Entwicklungsspezifik der modernen Wissenschaft geht es selbstverständlich nicht nur um eine institutionell verwirklichte Regulierung und Leitung der Wissenschaft, sondern auch um eine gesellschaftlich bedeutsame Wirkung sozialethischer und humanistischer Prinzipien, die eine regulative Rolle in der Wissenschaft spielen – auf der Ebene des Bewußtseins und Selbstbewußtseins der Wissenschaftler und ihrer Moral. Philosophisch gesagt: Es geht um die weltanschauliche – wissenschaftliche und wertmäßige – Orientierung der Wissenschaft und der Wissenschaftler. Und gerade hier ist etwas Neues, dem bisherigen Denken mitunter radikal Entgegengesetztes, zu beobachten.

Diese neue Situation wird gewöhnlich vor allem mit einer Reihe von Veränderungen innerhalb der Wissenschaft verbunden (sie äußern sich insbesondere im Bereich der Methodologie, in der Zurückweisung neopositivistischer Zielstellungen und Orientierungen, die die Möglichkeiten wissenschaftlicher Erkenntnis einschränken) sowie mit einem neuen Verständnis für den Platz und die Rolle der Wissenschaft im System der gegenwärtigen Kultur. Diese Tendenz zeichnet sich heute am deutlichsten in der kritischen Auseinandersetzung mit dem Szientismus ab, mit seiner Verabsolutierung naturwissenschaftlich-technischer Methoden für die Lösung der wichtigsten menschlichen Probleme, die dem gesellschaftswissenschaftlichen und humanistischen Herangehen entgegengesetzt werden.

Ch. P. Snow hat Ende der fünfziger Jahre in seinem Vortrag über die „zwei Kulturen", die naturwissenschaftlich-technische und die literarisch-geisteswissenschaftliche, diese Problematik aufgegriffen. Die Diskussionen zu diesen Fragen, die auch in der Sowjetunion zwischen den „Physikern" und den „Lyrikern" geführt wurden, zeigten sowohl die Haltlosigkeit der maßlosen Ansprüche des Szientismus – und seiner extremen Form, des Technizismus – als auch die Notwendigkeit einer organischen Entwicklung der Kultur als Ganzes, einschließlich ihrer geisteswissenschaftlichen Sphären, des Zusammenwirkens von Wissenschaft und Kunst und der Wissenschaft vom Menschen in seinen gesellschaftlichen und individuellen Parametern. Letzteres wird zum Wichtigsten, denn nicht nur der Szientismus, sondern auch der grobe Technizismus kann äußerlich durchaus mit kulturellen Interessen harmonieren; Vertreter dieser Richtungen haben nicht selten Literatur und Kunst oder Politik als „Hobby“ und blicken dennoch hochmütig auf die Geisteswissenschaften und die geisteswissenschaftliche Kultur als Ganzes herab. Die antihumanistische Rolle von Szientismus und Technizismus nimmt in dem Maße zu, in dem die Autorität von Naturwissenschaft und Technik in der Gesellschaft wächst.

Der vielschichtige Charakter der Verbindungen und Zusammenhänge in der menschlichen Gesellschaft prägt heute wie nie zuvor viele naturwissenschaftliche Probleme, die damit nicht nur neue Parameter und Maßstäbe, sondern auch eine neue Qualität gewinnen. So läßt sich an der Entwicklung der globalen Probleme deutlich erkennen, wie unzureichend jede wissenschaftlich-technische Lösung ist, die nicht auf weltanschaulichen Überlegungen beruht, die von den gesellschaftlichen und humanistischen Aspekten und Seiten der Probleme abstrahiert. Das marxistische Denken richtete von Anfang an seine Aufmerksamkeit auf diese Aspekte und hat, gestützt auf entsprechende klassische Traditionen, in den sechziger und siebziger Jahren intensiv mit der Erarbeitung komplexer Arten des Herangehens begonnen. Dagegen wird dies von den außerhalb dieser Traditionen stehenden Denkrichtungen bis heute ignoriert, oder man gelangt dahin in sehr widersprüchlicher Weise, nach der Trial-and-error-Methode, wie beispielsweise in den jüngsten Berichten an den Club of Rome.

Neben der Untersuchung der erkenntnistheoretischen und logisch-methodologischen Probleme der Wissenschaft gewinnt heute die Erforschung ihrer weltanschaulichen, sozialphilosophischen Grundlagen immer größere Bedeutung, ebenso wie die Analyse der sozialen Folgen der wissenschaftlich-technischen Revolution, ihres Einflusses auf den Menschen, auf die gesellschaftliche und natürliche Umwelt, in der der Mensch heute lebt und – wir hoffen es – morgen leben und sich entwickeln wird. Grundlegend, und daher unbedingt zu berücksichtigen, sind natürlich die Integrationsprozesse der modernen Wissenschaft, ist das verstärkte Zusammenwirken von Gesellschafts- und Naturwissenschaften. Darauf hat auch der XXVI. Parteitag der KPdSU seine Aufmerksamkeit gelenkt. Wir müssen die vor uns stehenden Probleme komplex, systemtheoretisch (dialektisch) untersuchen, sie enger mit den praktischen Aufgaben der gesellschaftlichen Entwicklung der Sowjetunion und der anderen Länder der sozialistischen Staatengemeinschaft sowie mit der Lösung der globalen Probleme der Gegenwart verbinden.

Der XXVI. Parteitag der KPdSU bestimmte die Hauptrichtungen der sozialökonomischen und kulturellen Entwicklung für die sowjetische Gesellschaft bis zum Jahre 1990 und betonte die wachsende Bedeutung des wissenschaftlich-technischen Fortschritts als Grundlage und Triebkraft für die Entwicklung des kommunistischen Aufbaus. Im Rechenschaftsbericht wurde betont, daß der Aufbau der neuen Gesellschaft ohne die Wissenschaft undenkbar ist. Und das gilt auch für die Großforschung, deren Fundament die Naturwissenschaften, die Gesellschaftswissenschaften und die Wissenschaften vom Menschen sind. Das Zusammenwirken dieser Erkenntnissphären in Einheit mit der Praxis – der materiellen Produktion, dem geistigen Schaffen, der Erziehung des neuen Menschen – wird jetzt zur wichtigsten Aufgabe.

Ein so umfassendes Verständnis der philosophischen und gesellschaftlichen Verbindungen der Wissenschaft (einchließlich der Naturwissenschaft) mit dem Menschen und der Gesellschaft ist solide begründet und im Marxismus zur Tradition geworden. Diese Tradition entwickeln die Marxisten heute schöpferisch weiter, indem sie neue vielschichtige Probleme aufdecken und untersuchen, deren Lösung ein komplexes Herangehen erfordert. Das Zusammenwirken von Gesellschafts-, Natur- und Technikwissenschaften, die enge Verbindung der Theorie mit der Praxis und mit dem Menschen prägt in steigendem Maße die gegenwärtige Entwicklung der Wissenschaft.

Das wissenschaftliche Herangehen konzentriert sich heute nicht auf einen Brennpunkt oder auf mehrere Brennpunkte, die im Bereich der einen oder der anderen Wissenschaft liegen. Es geht vielmehr um Linien, die Hauptrichtungen des wissenschaftlich-technischen Fortschritts in einem Raum skizzieren, der von vielen Wissenschaften eingenommen wird, und besonders um die Nahtstellen zwischen diesen. Daraus ergibt sich die Notwendigkeit, nicht nur komplexe Probleme aufzugreifen, sondern auch umfassende und verzweigte Untersuchungsprogramme zu entwerfen. Das macht es erforderlich, die bedeutenden materiellen und personellen Ressourcen der Wissenschaft zu konzentrieren, die Wissenschaft eng mit der Praxis und dem Menschen zu verbinden und die Einheit der Wissenschaften und der Kultur insgesamt herzustellen.

Diese Dialektik setzt sich spontan auch in philosophisch-methodologischen Interpretationen der Wissenschaft durch, die nicht auf marxistisch-leninistischen Grundlagen beruhen oder dem Marxismus sogar feindlich gegenüberstehen. Die Erkenntnislogik, das Leben selbst zwingen die Wissenschaftler zu solchen Schlußfolgerungen.

Das zeigt sich auch am Beispiel der jährlich stattfindenden internationalen Konferenzen zum Thema Einheit der Wissenschaft. Und es wird deutlich in einem Beitrag von J. Banner jr. über die Beziehungen zwischen Naturwissenschaftlern und Geisteswissenschaftlern[88]. Banner äußert sich zu einem Bericht der von der Rockefeller-Stiftung finanzierten Kommission für Geisteswissenschaften, der sich mit Situation und Rolle der Geisteswissenschaften im Leben der Gesellschaft der USA befaßt.[89]

In diesem Bericht wird hervorgehoben, daß die Geisteswissenschaftler ebenso Verantwortung für die Naturwissenschaften tragen wie die Naturwissenschaftler für die Geisteswissenschaften. Jetzt, da sich Naturwissenschaftler und Techniker mit nie dagewesenem Erfolg der Veränderung der Umwelt des Menschen zugewandt haben und die Fragen der Werte, Verantwortung und Freiheit wissenschaftlicher Forschung wieder in das Blickfeld des Wissenschaftlers treten, sei der Dialog mit den Vertretern der Geisteswissenschaften besonders wichtig. Um ein guter Wissenschaftler zu sein, müsse man mehr sein als ein guter Spezialist.

Banner sagt: Damit solche Wahrheiten nicht zu Gemeinplätzen werden, müßten Naturwissenschaftler und Geisteswissenschaftler die enge intellektuelle Verwandtschaft ihrer Wissenschaftsbereiche akzeptieren. Das Wissen aus beiden Bereichen (jedes auf seine Art) deckt reale Eigenschaften der Natur und Gesellschaft auf und bringt sie hervor. Ohne die vereinten Anstrengungen der Natur- und Geisteswissenschaftler würden die Naturwissenschaften und die Geisteswissenschaften leiden, und mit ihnen die Kultur der USA. Und ich meine, wenn sich im Sozialismus die leider zuweilen auch dort zu beobachtenden Tendenzen des Szientismus und Technizismus entwickeln würden, so würde dies auch der sozialistischen Kultur schaden. Eben deshalb ist es so wichtig, die Einheit und das Zusammenwirken der Wissenschaften, der gesamten humanistischen Kultur nicht nur als Idee zu verkünden, sondern auch praktisch zu realisieren.

Diesem Ziel dient der 1980 beim Präsidium der Akademie der Wissenschaften der UdSSR gegründete Wissenschaftliche Rat für philosophische und soziale Probleme von Wissenschaft und Technik. Seine wichtigsten Aufgaben sind: die Koordinierung der Tätigkeit der Forschungseinrichtungen und die Bearbeitung der philosophischen und sozialen Probleme von Wissenschaft und Technik, die Weiterentwicklung der Leninschen Idee des Bündnisses von Philosophie und Naturwissenschaften, die Sicherung eines komplexen systemtheoretischen Herangehens an diese Forschungen und ihre engere Abstimmung mit den Zielen der gesellschaftlichen Entwicklung der UdSSR und der anderen Länder der sozialistischen Staatengemeinschaft sowie, entsprechend der wissenschaftlichen Bedeutung, mit Fragen globalen Charakters und schließlich die Koordinierung der Natur-, Gesellschafts- und Technikwissenschaften in ihrer Einheit und in ihrem Zusammenhang.

Die Koordinationstätigkeit dieses Rates betrifft sehr verschiedene Forschungsrichtungen. Dazu gehören:

– Die weltanschaulichen und methodologischen Funktionen der marxistisch-leninistischen Philosophie für die Entwicklung von Wissenschaft und Technik in der Gegenwart. Das Bündnis von Philosophie und Einzelwissenschaften und seine praktische Verwirklichung. Die kritische Analyse der bürgerlichen Konzeptionen über die gegenwärtige wissenschaftlich-technische Entwicklung.

– Die Rolle der Wissenschaft als gesellschaftlicher Institution unter den Bedingungen der wissenschaftlich-technischen Revolution; ihr Platz und ihre Rolle im System der Kultur der gegenwärtigen Gesellschaft. Methodologische Probleme bei der Organisation und Leitung der Wissenschaft. Probleme der Verantwortung der Wissenschaftler, der moralischen Faktoren der wissenschaftlichen Tätigkeit sowie sozialpsychologische Probleme des wissenschaftlichen und wissenschaftlich-technischen Schöpfertums.

– Der Zusammenhang von Mensch, Wissenschaft und Technik und der Einfluß der wissenschaftlich-technischen Revolution auf den Menschen. Die philosophisch-psychologischen Aspekte der Rolle des Menschen im Arbeitsprozeß und der menschlichen Bedürfnisse. Das Problem der allseitigen Entwicklung der Persönlichkeit und die humanistischen Aspekte der wissenschaftlich-technischen Revolution. Und schließlich die philosophischen und sozialen Aspekte der Wechselbeziehungen zwischen Mensch und Umwelt.

– Das sachgemäße Herangehen an die Untersuchung der globalen Menschheitsprobleme unter sozialen Aspekten, ausgehend von den Positionen der materialistischen Dialektik; die Rolle von Wissenschaft und Technik bei der Lösung dieser Probleme; die Prinzipien der globalen Modellierung.

– Die Zukunft der Menschheit, die Wechselbeziehungen zwischen den Entwicklungstendenzen der wissenschaftlich-technischen Revolution und den Perspektiven der Entwicklung der gegensätzlichen Gesellschaftssysteme – des Sozialismus und des Kapitalismus. Methodologische Voraussetzungen und Prinzipien für die Modellierung und für die erkundende und normative Prognose des wissenschaftlich-technischen Fortschritts. Die Kritik der bürgerlichen futurologischen Konzeptionen.

Auf diese Weise wird auch die stimulierende, katalysierende Rolle der Philosophie bei der Realisierung dieses komplexen wissenschaftlichen Programms hervorgehoben. Natürlich sind viele der Fragen noch ungenügend geklärt und bedürfen der wissenschaftlichen Diskussion. Zu den wichtigen aktuellen philosophischen Problemen gehören meines Erachtens auch die Fragen nach den Kriterien der Effektivität der Wissenschaft überhaupt und nach der Bewertung dieser Effektivität vom humanistischen Standpunkt aus. Der sich progressiv entwickelnde Prozeß, in dem die Wissenschaft in steigendem Maße zur unmittelbaren Produktivkraft wird, hat seine Besonderheiten – und leider nicht nur positive. Wird das Kriterium der praktischen Effektivität der Wissenschaft überbetont und einseitig betrachtet, so wird diese, gewollt oder ungewollt, von der Kultur als Ganzes isoliert, und dementsprechend wird ihre Rolle als bestimmender Faktor der humanistischen Kultur herabgesetzt. Damit treten die Kriterien für die kulturelle, humanistische Relevanz der Wissenschaft in den Hintergrund, wie wir es in der bereits erwähnten Divergenz der zwei Kulturen – der naturwissenschaftlich-technischen und der geisteswissenschaftlichen Kultur – sehen, einer Erscheinung, die sich unter den gegenwärtigen Bedingungen so deutlich abzeichnet. Nicht zufällig wird heute – in Form eines Protests oder einer Forderung – als neues Ideal der menschlichen Kultur die Konvergenz der naturwissenschaftlich-technischen und der geisteswissenschaftlichen Kultur in einem weiten Sinne als notwendig herausgestellt.

Hier liegt meines Erachtens der Ausweg für die menschliche Kultur. Deswegen stellen immer mehr Philosophen und andere Wissenschaftler die Frage nach der Notwendigkeit der Einheit von Wissenschaft und Kultur, nach einer Konvergenz der Wissenschaft und der anderen Kulturbereiche. Nur auf diese Weise kann die Wissenschaft ihrer gesamtkulturellen, humanistischen Bedeutung voll gerecht werden.

Es ist also gut, daß wir die zunehmende Effektivität der Wissenschaft betonen, das heißt ihre Effektivität in der Produktion und ihre Bedeutung als unmittelbare Produktivkraft. Es ist sehr gut, daß die Entwicklung der Wissenschaft in vielen Fällen in diejenigen Planabschnitte aufgenommen wird, in denen es um die Entwicklung der Produktion, der Wirtschaft usw. geht. Aber es ist nicht gut, wenn damit die Funktion der Wissenschaft als kultureller Faktor der gesellschaftlichen Entwicklung in beträchtlichem Maße eingeschränkt wird, wenn sie aus dem Gesamtzusammenhang aller Sphären der menschlichen Kultur herausgerissen wird. Dadurch wird auch ihre menschliche Bestimmung und ihre humanistische Relevanz als geistiger Wert abgeschwächt.

Deshalb wird von den Wissenschaftlern auch die Notwendigkeit des Zusammenwirkens und der Einheit der Wissenschaft mit den anderen Lebenssphären betont, die Einheit der humanistischen Kultur insgesamt mit der Entwicklung der Humanität – obwohl dies, vom praktischen Standpunkt aus, auf den ersten Blick ein weniger effektiver Bereich der menschlichen Kultur zu sein scheint. Doch die künftige Entwicklung der menschlichen Kultur wäre stark gefährdet, wenn wir uns einseitig auf die Entwicklung einer „praktisch effektiven Wissenschaft" orientierten. Übertreibt man diese Rolle der Wissenschaft einseitig, so wird ihr Lebensnerv getroffen, der entscheidend ist für die Entwicklung der Wissenschaft insgesamt, für die Tätigkeit der Wissenschaftler und für ihren Wunsch, sich überhaupt mit Wissenschaft zu befassen, gibt es doch vielfältige Möglichkeiten, sich anderen interessanten Fragen zuzuwenden. Die Wissenschaft kann unter solchen Bedingungen zu einem seelenlosen Moloch werden, der die Wissenschaftler verkrüppelt, sie in „seelenlose Wissenschaftler" verwandelt. Deshalb sind die humanistischen, wertmäßigen Aspekte für die Überlegungen der Wissenschaftler von großer Bedeutung, sie sind ein untrennbarer Bestandteil der gegenwärtigen wissenschaftlichen Welt. Der Betrachtung dieser Fragen wenden wir uns im folgenden zu.

Wir wollen hier nicht die verschiedenen (manchmal widersprüchlichen) philosophischen Definitionen des Begriffs der Werte und ihre Entwicklungsgeschichte im Rahmen der bürgerlichen Axiologie untersuchen, da eine solche Analyse in bestimmtem Maße in der marxistischen Literatur bereits vorliegt. Wir gehen von der unter Marxisten mehr oder weniger anerkannten Definition aus, daß der Wert eine besondere Erscheinungsform des Verhältnisses zwischen Subjekt und Objekt ist, wobei die Eigenschaften des Objekts danach beurteilt werden, inwieweit sie die Bedürfnisse des Subjekts erfüllen.[90] Diese letzteren sind Bedürfnisse eines gesellschaftlichen Subjekts, sie werden von der Gesellschaft erzeugt. Folglich ist auch die Bewertung von materiellen oder ideellen Erscheinungen der Wirklichkeit gesellschaftlich bedeutsam und erlaubt es dem Menschen, sich (auf der Grundlage erkannter Gesetzmäßigkeiten) frei in der Umwelt zu orientieren und die Umwelt im schöpferischen Tätigkeitsprozeß umzugestalten. Da aber die Tätigkeit des Menschen zielgerichtet erfolgt, sind auch eine Reihe psychischer Eigenschaften zu beachten, denn im Verlauf der Tätigkeit soll das verwirklicht werden, was dem Ziel entspricht. Die Bewertung eines Ergebnisses oder Teilergebnisses mit Hilfe des gesetzten Ziels (Verhältnis der Zweckmäßigkeit) zeigt wohl am unmittelbarsten die Einheit von wertmäßiger und wissenschaftlicher Betrachtung – bei all ihrer Verschiedenartigkeit; das Ausgehen von einem Ziel ist eine effektive Erkenntnismethode.

Marx hat dies glänzend gezeigt. Im Zusammenhang mit den Besonderheiten der praktischen Arbeitstätigkeit des Menschen, in deren Prozeß ein im voraus gestelltes Ziel die Art und Weise seiner Tätigkeit wie ein Gesetz bestimmt, schreibt er: „Das praktische Erzeugen einer *gegenständlichen* Welt, die *Bearbeitung* der unorganischen Natur ist die Bewährung des Menschen als eines bewußten Gattungswesens ...". Der Mensch produziert „selbst frei vom physischen Bedürfnis ...". Er produziert „erst wahrhaft in der Freiheit von demselben". Der Mensch weiß „nach dem Maß jeder spezies zu produzieren ... und überall das inhärente Maß dem Gegenstand anzulegen ...; der Mensch formiert daher auch nach den Gesetzen der Schönheit"[91].

Diese Betrachtungsweise wendet der Marxismus auch auf die wissenschaftliche Tätigkeit an. Die Werte werden nicht von der wissenschaftlichen Erkenntnis getrennt, sondern in der realen Verbindung und im Zusammenwirken mit ihr gesehen. Das Grundprinzip der wissenschaftlichen Erkenntnis – ihre objektive Wahrhaftigkeit – wird organisch mit den Wertbeziehungen innerhalb der wissenschaftlichen Erkenntnis selbst verbunden, die das Erreichen eines bestimmten Ziels – der Wahrheit – mit entsprechenden Mitteln ist. Die Gesellschaft versteht die Wissenschaft als ein spezifisch menschliches Mittel für die Orientierung des Menschen in der Welt, sie setzt die Wissenschaft mit den gesellschaftlichen Zielen in Beziehung, die utilitaristisch-praktische und normative oder ideale Kriterien für eine historische Bewertung geben.

Es ist nicht nötig, hier all das aufzuführen, was in diesem Sinne zur Charakterisierung der Wahrheit gehört. Gut bekannt ist Lenins Definition der objektiven Wahrheit als Inhalt menschlicher Vorstellungen, „der vom Subjekt unabhängig ist, der weder vom Menschen noch von der Menschheit abhängig ist".[92] Und dennoch: „Was ist Wahrheit?" – Diese Frage wird nicht nur von Pontius Pilatus im Neuen Testament aufgeworfen, sie erscheint auch in dem Sinne, den wir mit einem axiologischen Verhältnis verbinden. Erinnern wir uns an

Hegel, der so poetisch vom „Glauben an die Macht des Geistes" als erster Bedingung für wissenschaftliche (für ihn philosophische) Studien sprach. Er betonte: „Der Mensch ... *soll sich selbst des Höchsten würdig achten* ... Das zuerst verborgene und verschlossene Wesen des Universums hat keine Kraft, die dem Mute des Erkennens Widerstand leisten könnte; es muß sich vor ihm auftun und seinen Reichtum und seine Tiefen ihm vor Augen legen und zum Genusse geben."[93] Wie wir sehen, wirken hier Erkenntnis und Werte organisch zusammen, weil beide im schöpferischen, aktiven Wesen des Menschen ihren Ausdruck finden.[94]

Werturteile sind nicht nur für die Gesellschaftswissenschaften, aus denen sie einfach nicht fortzudenken sind, charakteristisch, sondern auch für die Naturwissenschaften, in die sie mit der philosophischen Orientierung und mit den methodologischen Grundlagen eingebracht werden. Und in diesem Sinne läßt sich sagen, daß es keine wertfreie Wissenschaft gibt. Die wertmäßige Orientierung der Erkenntnistätigkeit nimmt dem Inhalt des Wissens nicht das Attribut der Objektivität. Natürlich bedeutet das nicht, daß ein wertbestimmtes Herangehen, insbesondere an die logische Struktur des Wissens und an die Methodologie, in jedem Einzelfall eine konstruktive Funktion ausübt. Seine destruktive Rolle führte und führt, wie wir wissen, zur Erzeugung aller möglichen pseudowissenschaftlichen und antiwissenschaftlichen Konstruktionen. Über die Schöpfer solcher Elaborate sagte Marx: „Einen Menschen, der die Wissenschaft einem nicht aus ihr selbst (wie irrtümlich sie immer sein mag), sondern *von außen*, ihr *fremden, äußerlichen Interessen* entlehnten Standpunkt zu *akkomodieren* sucht, nenne ich ‚*gemein*'".[95]

Wie wir sehen, geht Marx in seiner Einschätzung des Verhaltens innerhalb der wissenschaftlichen Gemeinschaft davon aus, wie in der Erkenntnistätigkeit eines Wissenschaftlers methodologische Normen, die in Form von Werten auftreten, beachtet (oder verletzt) werden. Der wichtigste Wert ist die Suche nach Wahrheit, die alle Interessen, die der Wissenschaft fremd sind, zurückweist. Das zu betonen ist notwendig, denn eine wertbestimmte Orientierung der wissenschaftlichen Erkenntnis (darunter auch die philosophische und ideologische Orientierung und damit die Parteilichkeit) erweist sich, wenn sie objektiv motiviert ist, das heißt, wenn sie selbst Ergebnis der wissenschaftlichen Erkenntnis ist, dieser gegenüber nicht mehr als etwas Fremdes und daher Äußerliches, das die Wahrheit nur verzerren könnte. Doch dies ist eine besondere Frage, die eine getrennte Betrachtung erfordert.

Für den uns hier interessierenden Aspekt ist die Akzeptanz von Werturteilen in der Wissenschaft hervorzuheben, die vor allem auch die philosophische, ideologische Orientierung, das Verständnis der allgemeinen Ziele und der diesen entsprechenden wissenschaftlichen Erkenntnismittel betreffen. Zurückzuweisen sind somit nicht nur szientistische Behauptungen, die davon ausgehen, daß wahres objektives Wissen mit einem wertmäßigen Herangehen, einschließlich ideologischer, humanistischer und sozialethischer Wertungen, nicht zu vereinbaren sei (J. Monod und andere), sondern auch postpositivistische Konzeptionen einer „Wissenschaftsphilosophie" (Th. S. Kuhn, P. Feyerabend und andere), in denen das Problem der objektiven Wahrheit in der Wissenschaft allgemein als nahezu sinnlos angesehen wird, und das Verständnis der Wahrheit wissenschaftlicher Urteile von einem akzeptierten „Paradigma" abhängig gemacht wird.[96]

Indem wir relativistische Ansätze zurückweisen, orientieren wir uns auf ein dialektisch-materialistisches Verständnis der objektiven Wahrheit, auf die Wechselbeziehungen ihrer relativen und absoluten Seiten, damit haben wir, wie Lenin betonte, ein „Maß oder Modell, dem sich unsere relative Erkenntnis nähert".[97] Es ist bezeichnend, daß Lenin die Begriffe „Maß" und „Modell" verwendet, die sehr deutlich auch einen methodologisch-normativen (und in diesem Falle axiologischen) Charakter der objektiven Wahrheit kennzeichnen. Das wird noch verstärkt durch den Satz: „Die Wahrheit ist ein Prozeß".[98]

So kann man offenbar, ohne den qualitativen Unterschied zwischen der Erkenntnis der Wahrheit und dem wertmäßigen Herangehen zu verwischen, einige Charakteristiken der objektiven Wahrheit, die sich insbesondere auf die Dialektik ihrer relativen und absoluten Seiten beziehen, auf das wertmäßige Herangehen ausdehnen. Dadurch kommen wir zur Anerkennung nicht nur relativer, sondern auch absoluter, universaler Werte, die als „Maße", „Modelle" usw. existieren. Das kann uns bei der Betrachtung wertbestimmter Relationen in ihrer methodologischen Bedeutung zuverlässige Kriterien geben, um die wahre Wissenschaft von pseudowissenschaftlichen und antiwissenschaftlichen Konstruktionen zu unterscheiden.

Die Wissenschaft stützt sich auf eine Reihe methodologischer, normativer Werte, die in vielen Fällen absolute, universale Bedeutung haben (allgemeine Prinzipien, Gesetze der Erkenntnistätigkeit – Beobachtung, Experiment, Schlußfolgerung usw.), und jeglicher Relativismus kann nur das objektive Wahrheitskriterium des Wissens aushöhlen, zum Subjektivismus führen. Andererseits aber bringt die sich entwickelnde Erkenntnis Elemente der Relativität in die Wahrheit als Prozeß ein. Und hier kann jede Verletzung des Prinzips der Relativität zu starrem, verknöchertem Denken, zu Dogmatismus führen und zu einem Autoritätsglauben, der die Forschung behindert durch die Berufung auf Persönlichkeiten, die zu dem gegebenen Zeitpunkt als Autoritäten gelten. Gerade auf derartige Abweichungen von der Einheit von Erkenntnissen und Werten bauen die Pseudowissenschaft und die Antiwissenschaft auf, die immer das Prinzip der objektiven Wahrheit verletzen und gleichzeitig falsch verstandene Werte in den Vordergrund stellen oder aber Werte überhaupt verneinen. Dies wird in unserer Zeit natürlich niemals offen gesagt, und wir können über die Unrichtigkeit wertmäßiger Zielstellungen nur urteilen, wenn wir diese objektiv dem Endergebnis des Prozesses, an dessen allgemeiner Orientierung sie teilhaben, gegenüberstellen.

Eine derartige Situation konnten wir in der jüngeren Geschichte der Wissenschaft beobachten. Erinnert sei an die pseudowissenschaftlichen und antiwissenschaftlichen Versuche, ausgehend von falsch interpretierten philosophischen Zielstellungen, die scheinbar den dialektisch-materialistischen weltanschaulichen und methodologischen Prinzipien entsprachen, Relativitätstheorie und Kybernetik abzulehnen, oder an die Genetik, an das Bemühen, der „idealistisch-metaphysischen" eine „materialistisch-dialektische" Wissenschaft von der Vererbung und Veränderlichkeit entgegenzustellen. Das alles war nicht nur von Versuchen begleitet, die Grenzen zwischen Wahrheit und Unwahrheit in der Wissenschaft zu verwischen, sondern diese zu vertauschen. Dabei wurden schon die philosophisch orientierenden wertbestimmten Zielstellungen entstellt und traten als pseudodialektische, aprioristische und dogmatische Werte auf. Das schuf den Nährboden für antidialektische Schlußfolgerungen.

Wie wir sehen, führt die Deformierung der Wertbeziehungen innerhalb einer Wissenschaft zu einer Deformierung dieser Werte selbst und auch des Werts der Wissenschaft überhaupt. Denn der Wert der Wissenschaft ist nicht nur mit ihrem gesellschaftlichen Status verbunden, sondern wird auch von ihrer inneren Struktur bestimmt. Er äußert sich im allgemeinen Zusammenhang der menschlichen Tätigkeit als Mittel, gesellschaftlich bedeutsame Ziele zu erreichen. Eine prinzipielle Einschätzung der Wissenschaft in ihrem Bezug zur Gesellschaft und zur menschlichen Persönlichkeit erfordert auch ein konkreteres Verständnis des Sinns und der orientierenden Bedeutung sozialethischer und humanistischer Prinzipien für die wissenschaftliche Erkenntnis. Dieser Frage, die in Hinsicht auf die gegenwärtige Wissenschaft besonderer Erörterung bedarf, wenden wir uns jetzt zu.

„Wissenschaft und Humanismus", „Mensch – Wissenschaft – Ethik", „Wissenschaft und Moral", auf die Verbindung dieser Begriffe treffen wir ständig – in philosophischen Traktaten und politischen Reden, in Predigten und literarischen Werken, in Zeitungen, Film und Fernsehen und schließlich in öffentlichen Erklärungen der Wissenschaftler selbst. Zweifellos widerspiegelt dies bestimmte Besonderheiten der modernen Wissenschaft in ihrem Zusammenhang mit Mensch und Gesellschaft. Was von dem ergibt sich aber wirklich aus der Wissenschaft, und was wird (ob erfolgreich oder nicht ist eine andere Frage) durch das verstärkte Einwirken anderer Kulturbereiche in sie hineingetragen, ergibt sich aus den Bedingungen und Faktoren ihrer Existenz und ihres Wirkens in der gegenwärtigen Welt?

Damit stehen wir vor grundlegenden Fragen: Ergeben sich die viel diskutierten sozialethischen und humanistischen Probleme der Wissenschaft im wesentlichen aus der Wissenschaft selbst oder aus der Situation der Gesellschaft, die beunruhigt darüber ist, daß die Anwendung einiger wissenschaftlicher Entdeckungen, wenn sie sozialethisch und humanistisch außer Kontrolle gerät, zu katastrophalen Folgen führen könnte? Ist heute überhaupt eine Trennung der Ziele und Bestrebungen von Wissenschaft und Gesellschaft zulässig, und wie ist eine wirkliche Einheit dieser Ziele zu realisieren? Bei einer unvoreingenommenen Untersuchung der bereits vorhandenen und möglichen Antworten auf diese Fragen wind man feststellen, daß sie kompliziert und dialektisch widersprüchlich sind, sie regen eher zu neuen Forschungen an, als daß sie das vervollständigen, was schon erreicht wurde.

In den vorhergehenden Darlegungen, die auch einige allgemeine Voraussetzungen für eine Analyse der Fragen geben, denen wir uns jetzt zuwenden, sprachen wir von der Wissenschaft überhaupt, ohne sie, wie es gewöhnlich getan wird, in „reine" Grundlagendisziplinen und angewandte Disziplinen zu unterteilen. Unter den Aspekten, die uns interessieren, wird als Unterschied oft hervorgehoben, daß in der Grundlagenforschung die Wahrheit als höchster Wert gelte, während sie in den angewandten Wissenschaften nur als Mittel zum Erreichen praktischer Ziele diene. Anders gesagt: In der Grundlagenwissenschaft sei die Wahrheit ein sich selbst genügender Wert, in den angewandten Wissenschaften ein instrumentaler. Dieser Unterschied ist wesentlich, er wird auch mit einem unterschiedlichen Grad an innersozialer Autonomie der betreffenden Wissenschaften verbunden. Man geht häufig sogar von der Existenz zweier besonderer, qualitativ verschiedener Wertsysteme aus – unterschiedlicher gesellschaftlicher Kriterien, weltanschaulicher Orientierung, ethischer oder humanistischer Prinzipien.

Natürlich ist es auf dieser Grundlage nicht schwer, die Ursachen szientistisch-technizistischer pragmatisch-utilitaristischer Ansichten zu erklären (allerdings nur, wenn man davon ausgeht, daß sie fast ausschließlich der Welt des Kapitalismus anhaften), sie insbesondere als Ergebnis der angewandten Wissenschaft hinzustellen (als ob sich diese nicht auch im Sozialismus entwickelt). Jedoch würden wir damit meines Erachtens den Weg der wissenschaftlichen Analyse verlassen und das Problem einfach aufheben. In seiner ganzen Vollständigkeit, als akut und gegenwärtig, erfassen wir dieses Problem gerade dann, wenn wir aufhören, die Unterschiede zwischen Grundlagenforschung und angewandter Forschung in ihrem Verhältnis zur Wahrheit und zum Wert zu verabsolutieren, wenn wir beginnen, sie als etwas Einheitliches zu betrachten (ohne dabei ihre Unterschiede zu negieren).

In der Tat bestimmt gerade die Wissenschaft als Ganzes, als besondere soziale Institution der Gesellschaft ihren Wert als Mittel, praktische Ziele der Menschheit zu erreichen. Das trifft nicht nur auf die angewandte Forschung, sondern auch auf die Grundlagenforschung zu (nach dem Prinzip: „Es gibt nichts Praktischeres als eine gute Theorie"). Gerade die Wissenschaft als Ganzes (und nicht nur die Grundlagenforschung) kann diese ihre wichtigste gesellschaftliche Funktion nur dann erfüllen, wenn sie sich unmittelbar auf ihr Ziel, die Suche nach Wahrheit, orientiert und von der Objektivität des Wissens als höchstem Wert ausgeht; wenn sie sich nicht leiten läßt von irgendeinem „Optimum" dessen, was unter den gegebenen Umständen erreichbar erscheint, das hauptsächlich der angewandten Forschung, einschließlich der politischen Wissenschaften, als Orientierung gelten soll. Natürlich werden die Akzente in der Grundlagenforschung anders gesetzt als in der angewandten Forschung, aber trotzdem bleibt als Wichtigstes jenes Gemeinsame, das sie vereinigt und die Wissenschaft allgemein charakterisiert als Suche nach Wahrheit und als Mittel für die Orientierung der menschlichen Tätigkeit.

Das erlangt besondere Bedeutung, wenn es um die sozialethischen und humanistischen Prinzipien der wissenschaftlichen Erkenntnis geht, die unter den gegenwärtigen Bedingungen eine wichtige regulative Rolle spielen. Die Wissenschaft für den Menschen – nur eine so allgemeine sozialethische, humanistische Orientierung gibt meines

Erachtens eine universelle Grundlage für eine Beurteilung der Wissenschaft nach ihrem Vermögen, dem Menschen zu dienen, ihre Ziele dem allgemeinen Ziel der gesellschaftlichen Entwicklung der Menschheit unterzuordnen, dazu beizutragen, daß die Verwirklichung der Wesenskräfte des Menschen zum Selbstzweck wird.

Wir stehen also nicht nur vor der Frage nach dem Wert der wissenschaftlichen Wahrheit, sondern auch vor der Frage nach ihrem Preis, und der „Bezugspunkt" dafür ist der Mensch, das Wohl des Menschen.[99] Dieses Wohl des Menschen wird freilich nirgends genau definiert und hat immer relativen Charakter. Sein konkret-historischer Inhalt ist abhängig von einem Komplex verschiedenartiger Bedingungen (darunter Klassenbedingungen), aber nichtsdestoweniger galt es als ein bestimmter universeller Wert, und es wird auch heute so betrachtet, wenn wir die Interessen und Ziele des Kommunismus, zumindest in ihrer Perspektive, als allgemeinmenschliche Interessen und Ziele behandeln. Im Ausgangspunkt ist daher keinerlei Relativismus zulässig, das würde die Grundlage der humanistischen Ethik untergraben. Es kann keine Wahl zwischen Ethischem (Humanem) und relativ Ethischem (Zweckmäßigem, Notwendigem) geben. Letzteres wäre, wie Albert Schweitzer betonte, in allen Fällen zumindest als teilweise Verletzung bestimmter Ausgangsprinzipien der Ethik, des Humanismus anzusehen.

Diese Überlegungen, die auf den ersten Blick vielleicht etwas allgemein erscheinen, haben einen durchaus konkreten Inhalt, der insbesondere durch die Situation in der gegenwärtigen Wissenschaft in ihrem Zusammenhang mit Mensch und Gesellschaft bestimmt wird. Gerade heute stellt sich mit einer Schärfe wie wahrscheinlich niemals zuvor die Frage nach dem Preis, den die Menschheit für eine Wahrheit bezahlen muß (oder nicht bezahlen darf), die von der Wissenschaft, insbesondere auf den Gebieten der Kernphysik und der Molekularbiologie, entdeckt wurde – von der Grundlagenforschung wohlgemerkt, nicht von den angewandten Wissenschaften! Doch es ist leichter, die moralische Verantwortung den angewandten Wissenschaften (und der Technik) anzulasten, und für diese wiederum ist es einfach, sie der Gesellschaft aufzuerlegen, denn sie dienen ja, wie man annimmt, deren Bedürfnissen, indem sie sich nur vom Prinzip des unter den jeweiligen Bedingungen Notwendigen, Zweckmäßigen, „Optimalen" (Effektiven) leiten lassen. Niemand kann dem Problem der ethischen Wahl ausweichen. Und die Bewertung einer notwendigen Entscheidung, die – und sei es im geringsten Maße – nicht mit ethischen, humanistischen Normen übereinstimmt, als Verletzung dieser Normen (die vielleicht unvermeidlich, aber eben doch eine Normverletzung ist) ermöglicht es, die Entwicklung negativer Prozesse auf einer bestimmten Ebene aufzuhalten und ihnen entgegenzuwirken, da eine klare Perspektive gegeben ist. Dadurch unterscheidet sich die hier vertretene Position nicht nur vom ethischen Relativismus und Nihilismus (Szientismus), sondern auch von jener „Kritik der Wissenschaft", die von Rousseauschen Positionen ausgeht und vor allem empfiehlt, den wissenschaftlich-technischen Fortschritt aufzuhalten (wie die Konzeptionen von der „Gegenkultur", dem „Nullwachstum" und ähnliche). Für uns ist klar, daß nur mit einer tiefgreifenderen und allseitigen Entwicklung des wissenschaftlich-technischen Fortschritts für das Wohl des Menschen die negativen Folgen der Wissenschaft und ihrer Anwendungen „aufgehoben" werden können. Das erfordert aber gesellschaftliche Bedingungen, die ebenfalls auf das Wohl des Menschen als höchstes Ziel orientiert sind.

Die Diskussionen zu diesen Fragen in Einzelwissenschaften und Philosophie werden heute hauptsächlich in Verbindung mit konkreten Problemen über die Zulässigkeit oder Unzulässigkeit von Forschungen, die unmittelbar oder durch ihre Anwendung den Menschen und die Menschheit bedrohen können, geführt. Es geht nicht nur um Forschungen auf dem Gebiet der Kernphysik; in wesentlichem Maße sind auch Molekularbiologie, Genetik, Medizin, Psychologie und andere Disziplinen betroffen. Wir haben uns zu diesen Fragen schon mehrmals geäußert[100] und werden hier nicht im einzelnen auf Tatsachen eingehen, die unseres Erachtens bereits einer breiten Öffentlichkeit bekannt geworden sind.

Die biomedizinischen Forschungen, insbesondere die Experimente am Menschen, stellen uns vor viele komplizierte Probleme auf ethischer und sozialer Ebene. Auf diesem Gebiet hat sich eine intensive Tätigkeit entwickelt, besonders im Zusammenhang mit der Ausarbeitung einer Reihe von Kodizes (es begann mit dem Nürnberger Kodex 1947), die zum Teil gesetzgeberisch verankert wurden.

Die potentiellen Möglichkeiten, die menschliche Individualität mit Hilfe genetischer Methoden zu verändern, Organe zu verpflanzen, die Möglichkeiten der Neurochirurgie und der Neuropharmakologie stellen Wissenschaft und Gesellschaft vor die Frage nach Garantien für die Unversehrtheit der folgenden Generationen. Das macht es erforderlich, Grenzen für das Manipulieren mit dem genetischen Material des Menschen und überhaupt für jegliche Einwirkung auf seine individuellen Eigenschaften festzulegen.

Das sind komplizierte Fragen, und nicht ohne Grund ist die Weltöffentlichkeit ernsthaft besorgt. So hat die Weltgesundheitsorganisation in Erfüllung der Resolution der UNO-Vollversammlung über die Verteidigung der menschlichen Persönlichkeit und ihrer physischen und intellektuellen Unversehrtheit ein spezielles Dokument über die Menschenrechte und das Gesundheitswesen unter den Bedingungen des Fortschritts von Biologie und Medizin ausgearbeitet, in dem unter anderem auch Fragen nach Experimenten am Menschen, nach der Transplantation von Organen und Geweben behandelt werden. In diesem Dokument werden verschiedene Methoden sowie Bedingungen analysiert, unter denen derartige Operationen wissenschaftlich und ethisch zu rechtfertigen sind. Erörtert werden auch Probleme, die mit dem Beginn des Lebens, der Schwangerschaftsunterbrechung, der Nutzung menschlicher Embryos für wissenschaftliche Forschungen, mit der Feststellung des Zeitpunktes des Todes und mit der Psychochirurgie zusammenhängen. Vor einigen Jahren ist eine Zusammenstellung internationaler Empfehlungen für die Durchführung medizinisch-biologischer Forschungen am Menschen bestätigt worden.[101]

Aber natürlich ist dies nur eine Richtung der Bearbeitung sozialethischer und humanistischer Probleme der biomedizinischen Forschung.

Es geht also nicht nur um die Anwendung wissenschaftlich-technischer Möglichkeiten, zum Beispiel der Biomedizin, sondern hauptsächlich um die realen Grenzen, die die Gesellschaft festlegt, damit die menschliche Individualität und die Freiheit und Rechte des Menschen bewahrt werden. Das betrifft insbesondere jegliche Manipulation des Gehirns und der Psyche des Menschen, seines Bewußtseins und Verhaltens, die zu einer „Identitätskrise" führen kann, so daß der Mensch die Vorstellung von seinem Platz in der Geschichte und vom Wert seiner eigenen Persönlichkeit verliert.[102] Über die erschreckenden Formen, die solche Manipulationen annehmen können, berichtet S. Chavkin. Er nennt zahlreiche Beispiele aus den USA für gewaltsame Veränderungen von Psyche, Bewußtsein und Individualität, bei denen man davon ausgeht, daß einem angeblich unkontrollierbaren Verhalten entweder genetische Ursachen oder Defekte des Nervensystems zugrunde liegen.[103] Chavkin zeigt, wie die Konzeption der Vertreter des „genetischen Determinismus" in Experimenten an Geisteskranken, Häftlingen und Kindern realisiert wird. Psychochirurgie und andere Methoden der manipulierenden Einwirkung auf die Persönlichkeit können in den Dienst des Machtapparates gestellt werden und dazu beitragen, das freie Denken und den Protest gegen die kapitalistische Ordnung zu unterdrücken.

Natürlich wäre es falsch, aufgrund dieser Tatsachen die Idee einer Einwirkung auf Gehirn und Psyche des Menschen, die auf dessen Wohl gerichtet ist, zu verwerfen. Emotionen sind hier ebenso schädlich wie das Fehlen sozialer Verantwortlichkeit. Aber unter den gesellschaftlichen Bedingungen des Kapitalismus heute, des verschärften Kampfes verschiedener politischer Kräfte ist diese Aufgabe kaum als aktuell zu bezeichnen; ihre Realisierung würde sich unvermeidlich als ein heimtückisches Mittel in diesem Kampf erweisen.

Zur Frage nach der Berechtigung der Psychochirurgie hat die Weltgesundheitsorganisation in dem bereits erwähnten Dokument über die Menschenrechte und das Gesundheitswesen betont, daß die Psychochirurgie äußerst schwierige bioethische Probleme aufwirft. Darüber hinaus sind die wissenschaftlichen Möglichkeiten und die Folgen eines psychochirurgischen Eingriffs unbekannt. Dieser ist auch nach Meinung einer Reihe seiner Befürworter nur in ganz besonderen Fällen, bei bestimmten chronischen Erkrankungen als „Methode der letzten Zuflucht“ zulässig. Im Dokument wird festgehalten, daß eine große Anzahl von Wissenschaftlern psychochirurgische Manipulationen bei Verhaltensabweichungen unbekannter Ätiologie vollständig ablehnen. Aufgrund der großen Meinungsverschiedenheiten über die Befugnisse bei der Anwendung der Psychochirurgie, des ungewissen Erfolgs und des Fehlens einer theoretischen Grundlage sei es notwendig, die Untersuchungen über die Bewertung dieser Behandlungsmethode fortzusetzen.

Es geht in diesem Fall also ausschließlich um die Behandlung, und trotzdem spürt man ernsthafte Unruhe. Was soll man da über die Projekte eines aktiven Eingriffs in die Hirntätigkeit sagen, der das Gehirn verändern soll, um einen „Übermenschen“, den „Homo sapientissimus“, zu erzeugen – und das, obgleich jede „sichere theoretische Grundlage“ fehlt? J. Lejeune bemerkte geistreich, daß wir, um einen Menschen zu schaffen, der klüger ist, als wir es sind, klüger sein müßten, als wir es sein können.[104] Er betont, daß es unmöglich sei, mit Kunstgriffen der Gentechnik eine „Supermenschheit“ zu schaffen. Die Medizin sei bescheidener, aber wirksamer. In den kommenden Jahren werde nicht nur der Schwachsinn besiegt werden, sondern auch eine Reihe von Krankheiten, die, wenn auch unbedeutend, die geistige Tätigkeit beeinträchtigen. Auf diesem Gebiet würden die Genetiker eine hervorragende Rolle im Dienst der psychischen Gesundheit der Menschheit spielen. Nur ein enges Zusammenwirken von Gefühl und Vernunft werde den menschlichen Verstand retten.[105]

Wunderbare Worte und ein wahrhaft humanistischer Standpunkt! Sie sind auf jedes Programm anzuwenden, das auf die psychophysische Entwicklung des Menschen heute und in der Zukunft gerichtet ist, das die Intensivierung seiner intellektuellen Tätigkeit zum Ziel hat – ganz gleich ob es sich um natürliche oder künstliche Einwirkungen auf Gehirn und Psyche handelt oder um die Entwicklung technischer Mittel, mit deren Hilfe einzelne Funktionen der intellektuellen Tätigkeit modelliert werden können.

Auf den Komplex sozialethischer und humanistischer Probleme, die mit der Gentechnik, der Entwicklung der Biotechnologie zusammenhängen, soll hier nicht näher eingegangen werden. Wir haben uns zu diesen Problemen in verschiedenen Zeitschriftenaufsätzen geäußert, unter anderem, als wir an der Vorbereitung von Expertenberichten für die UNESCO beteiligt waren.[106]

Jetzt liegen viele Diskussionen hinter uns. Sie werden, wie auch die gegenwärtige Situation, unterschiedlich eingeschätzt. Akzeptiert wurden bestimmte Regeln für die Gentechnik[107], und darin sehe ich die positive Bedeutung dieser Diskussionen. Man sagt, daß sie nicht frei waren von Sensationslust, und das stimmt auch. Aber waren sie wirklich nicht mehr als Ablenkungsmanöver? Heute hören wir überall, die Gefahr gentechnischer Arbeiten sei übertrieben worden, man solle diesen Arbeiten weniger Aufmerksamkeit widmen und ähnliches. Die Ursachen dafür, daß solche Stimmungen verbreitet werden, liegen auf der Hand, sie variieren nur geringfügig.

Dies bedeutet jedoch meines Erachtens keinesfalls, daß die Diskussionen über die sozialethischen Aspekte des Genetic engineering und anderer Eingriffe in das Erbgut jede Bedeutung verlieren. Die Bearbeitung dieser Probleme von den Positionen des Marxismus aus gibt uns die Möglichkeit, die Vorzüge des Sozialismus und seiner Moral in diesen Fragen zu zeigen. Und außerdem, verringern wir damit nicht auch die Gefahr einer unkontrollierten Erforschung von Problemen der Gentechnik und der Anwendung ihrer Ergebnisse unter kapitalistischen Bedingungen? Denken wir nur an die Entwicklung biologischer Waffen und an verschiedenartige neoeugenische Projekte der „Menschenzüchtung" mit Hilfe der Gentechnik und der Klonierung.[108]

Deshalb ist es notwendig, bei der Erörterung der möglichen Perspektiven dieser Forschungen und ihrer praktischen Anwendung mehr Weisheit an den Tag zu legen. Dabei ist die Bedeutung der gesellschaftlichen Bedingungen und der Einbeziehung der sozialethischen und humanistischen Aspekte hervorzuheben. In der Sowjetunion, wie auch in anderen sozialistischen Ländern, wird an diesen Problemen gearbeitet, und in vielen Fällen sind es gerade Fachwissenschaftler, die diese Arbeiten angeregt haben. Eine große Arbeit leistet dabei die Akademie der Medizinischen Wissenschaften der UdSSR, besonders auf dem Gebiet der Deontologie.

Wir müssen aber zugeben, daß die marxistischen Philosophen diese Probleme noch ungenügend bearbeitet haben, wie überhaupt die Fragen, die mit der Soziologie und Ethik der Erkenntnis des Lebens und des Menschen sowie mit der biomedizinischen Forschung zusammenhängen. Auch wenn man einige Tatsachen unterschiedlich einschätzen kann, wenn man zum Beispiel den Sensationscharakter verurteilt, mit dem diese Probleme im Westen erörtert wurden, so müssen wir doch unbedingt berücksichtigen, daß sich in den USA nicht nur die Gentechnik und ihre Anwendung stürmisch entwickelt haben, sondern daß auch ernsthafte Untersuchungen über jenen Problemkreis erfolgen, der vielleicht mit dem umstrittenen Begriff „Bioethik" erfaßt wird. Dieser Begriff wurde in den USA üblich, nachdem 1971 (das heißt noch bevor sich die Gentechnik herausbildete) das Buch „Bioethics – Bridge to the Future" von V. R. Potter erschienen war. Für diese Forschungen werden große Mittel bereitgestellt; viele Experten, auch der Weltkirchenrat, beteiligen sich an der Tätigkeit zahlreicher internationaler Organisationen. Leider lassen wir unsere Stimme in diesen Organisationen kaum vernehmen. Wir legen insbesondere unsere Positionen zu den sozialethischen Aspekten der Gentechnik zu wenig dar, zeigen ungenügend die Gefahr ihrer unkontrollierten Entwicklung im Kapitalismus. In auffälligem Kontrast dazu steht die Tätigkeit der Ärzte. Sie sprechen offen und mutig über die möglichen katastrophalen Folgen eines thermonuklearen Krieges für die Menschheit und bagatellisieren nicht die vorhandenen Gefahren. Diese humane Haltung der Ärzte fand große wissenschaftliche und gesellschaftlich-politische Unterstützung.

Wir wollen unseren Ausführungen über die sozialethischen und humanistischen Prinzipien der wissenschaftlichen Erkenntnis noch einige Gedanken über zwei Fragen hinzufügen: über das sogenannte Dilemma von Wissenschaft und Moral und über die ethischen Kodizes der Wissenschaftler und ihren Zusammenhang mit den allgemeinen ethischen Werten der Menschheit.

In Diskussionen über den Zusammenhang von Wissenschaft und Moral wird häufig die Meinung geäußert, daß die Wissenschaft an und für sich eine humane, moralische Kraft sei und deshalb keiner ethisch-humanistischer Festlegungen bedürfe, die ihr äußerlich seien. Der ursprüngliche Humanismus der Wissenschaft stimme mit der Ethik der Wahrheit und ihres Erkenntnisprozesses überein, unabhängig vom gesellschaftlichen Kontext. Diese Vorstellung über das Wechselverhältnis von Wissenschaft und Moral ist ein Versuch, Ideen und Anschauungen, die auf dem klassischen Bild der Wissenschaft beruhen, wieder auferstehen zu lassen. Sie sind heute kaum akzeptabel; denn die Wissenschaft ist keine abgeschlossene Zunftorganisation mehr, wie noch im 19. und zu Beginn des 20. Jahrhunderts, sie ist zu einer sozialen Institution geworden, durch Tausende Fäden mit dem Leben der Menschheit verbunden. Außerdem hat sich der Bereich der Technik und der technischen Anwendung der Wissenschaft kolossal erweitert und ist äußerst kompliziert geworden. Es hat sich eine Trennung zwischen „reiner" und angewandter Forschung vollzogen. Nach dem „klassischen" Standpunkt sollte die angewandte Forschung überhaupt von der Wissenschaft getrennt werden, um die „reine" Wissenschaft von den Anschuldigungen freizusprechen, sie sei an technischen Anwendungen beteiligt, die zumindest teilweise als Verletzungen der Prinzipien von Humanismus und Moral einzuschätzen sind.

Es wurde bereits begründet, daß eine derartige Trennung falsch ist. Und eben deshalb kann der „klassische" Standpunkt zum Wechselverhältnis von Wissenschaft und Moral unter den gegenwärtigen Bedingungen nicht als zuverlässiger Kompaß dienen. Die „klassische" Betrachtungsweise ignoriert das Zusammenwirken von ethischen Werten der Erkenntnis mit allgemeinen ethischen, ihrer Natur nach sozialen Werten, die nicht nur das Verhalten des Wissenschaftlers als Mitglied der wissenschaftlichen Gemeinschaft bestimmen, sondern auch wesentlich Richtung und Charakter seines Denkens determinieren.

Zur Problemgeschichte ist zu bemerken: In der Erforschung der Wechselbeziehung zwischen Wissenschaft, Moral und Humanismus gab es keine stürmische Entwicklung in aufsteigender Linie; die Wissenschaft betrachtet diese Probleme heute nicht allseitiger und nicht in wesentlich tieferer Form als in der Vergangenheit. In der Geschichte der Wissenschaft unserer Zeit lassen sich meines Erachtens bestimmte wellenartige Bewegungen beobachten, sogar eine Rückkehr auf einen bereits überholten Stand der Erörterung ist zu verzeichnen. Dabei wirken zu verschiedenen Zeiten unterschiedliche Stimuli und „Auslösungsmechanismen". Erinnern wir uns an die kurze Geschichte der Erörterung sozialethischer und humanistischer Probleme im Zusammenhang mit der Gentechnik. Die Diskussionen erreichten ihren Höhepunkt Mitte der siebziger Jahre, und jetzt ist offenbar ein Rückgang der Erörterungen zu verzeichnen.

Diese Prozesse erfordern eine aufmerksame Analyse von seiten der Wissenschaftshistoriker. Hier sei ein vielleicht umstrittener Gedanke geäußert: Offenbar hängt die Hinwendung zu diesen Problemen nicht unmittelbar mit einem zunehmenden gesellschaftlichen Verantwortungsgefühl der Wissenschaftler zusammen. Das, was in dem rapide zunehmenden Interesse für die sozialethischen und humanistischen Probleme der Wissenschaft, ebenso wie im Nachlassen dieses Interesses, zum Ausdruck kommt, ist durch andere Faktoren determiniert, die vielleicht sogar stärker sind als das Gefühl der Wissenschaftler für ihre sozialethische Verantwortung in diesem oder jenem historischen Zeitabschnitt.

Auch hier zeigt sich, daß die Wissenschaft zu einer vielschichtigen Erscheinung geworden ist. Sie ist heute eine gesellschaftliche Institution. Damit ist auch ihre Hinwendung zu ethischen und humanistischen Problemen von den Besonderheiten der jeweiligen gesellschaftlichen Entwicklungsperiode abhängig. Und eben daraus erklärt sich meines Erachtens das Auf und Ab des Interesses an diesen Problemen. Vergleicht man die weiter zurückliegende Geschichte mit der Gegenwart, so ist nicht ein Prozeß wachsenden Verantwortungsgefühls der Wissenschaftler zu verzeichnen, sondern eine zunehmende Abhängigkeit der Wissenschaft von der Gesellschaft, von ihrer Ideologie und Politik. Wissenschaft und Wissenschaftler folgen immer mehr den Wendungen, Auf- und Abbewegungen, die sich in der Gesellschaft vollziehen und von der politischen und ideologischen Entwicklung diktiert werden. Daher haben wir es, im Unterschied zu vorangegangenen Entwicklungsetappen der Wissenschaft, auch zu der nicht sehr weit zurückliegenden Zeit der klassischen Wissenschaft des 19. Jahrhunderts, in vielen Fällen nicht mit einem zunehmenden Verantwortungsgefühl der Wissenschaftler, sondern vielmehr mit einem wachsenden Schuldgefühl zu tun.

Es steht natürlich zur Diskussion, ob es wirklich an dem ist. Ich wollte den Wissenschaftlern von heute nur etwas von dem Nimbus eines größeren Verantwortungsgefühls, im Vergleich zu den Wissenschaftler früherer Zeiten, nehmen und Zweifel an einem derartigen Fortschritt in moralischer Hinsicht wecken. Wahrscheinlich sollte man die Wissenschaftler der Vergangenheit positiver beurteilen. Jedenfalls kommt es vor, daß ich, wenn ich mich literarischen, historischen, autobiographischen und anderen Quellen der Vergangenheit zuwende, mehr Probleme zum Nachdenken finde als in entsprechenden Materialien der modernen Wissenschaft. Wie die Wissenschaft überhaupt verstanden wird, hängt in hohem Maße davon ab, wie sie sich in den verschiedenen Entwicklungsetappen äußert.

Heute wird viel über verschiedene Typen und Arten der Wissenschaft gesprochen. Ich möchte betonen, daß für uns die Frage des Humanismus grundlegend ist, und gestellt wurde sie bereits vor sehr langer Zeit. Vielleicht wird sie heute nicht immer so gestellt und gelöst, wie sie gestellt und gelöst werden sollte. Das heißt nicht, daß das humanistische Denken in der Wissenschaftsgeschichte abnimmt, aber die Fragen werden eben nicht dem gegenwärtigen Entwicklungsniveau der Wissenschaft entsprechend gelöst. Wenden wir uns der Wissenschaft des 19. Jahrhunderts zu, so können wir feststellen, daß in der Philosophie die sozialethischen und humanistischen Probleme, obwohl sie real vielfach nur in Keimform vorhanden waren, in stärkerem Maße ihren Ausdruck fanden als heute.

Ich wiederhole nochmals: Heute üben Politik und Ideologie wahrscheinschlich einen größeren Einfluß aus als Ethik und Moral. Wir rechnen wohl viele Erscheinungen rein politischer und ideologischer Natur zu den ethischen Erscheinungen, wodurch selbständige ethische Lösungen der Wissenschaftler unterdrückt werden.

Daraus ergibt sich eine Forderung: Es gilt, das eigenständige Suchen und Lösen der gegenwärtigen sozialethischen Probleme in der Wissenschaft zu entwickeln. Dabei sind die Erfahrungen der Vergangenheit zu berücksichtigen und kritisch mit den Problemen der Gegenwart in Verbindung zu setzen. So kann verhindert werden, daß wir Fehler wiederholen, Gedanken, die in der Geschichte des Denkens bereits verworfen wurden, wieder aufgreifen, und es wird möglich, neue Fragen zu stellen und zu lösen. Wir denken dabei nicht nur an die auf Sokrates zurückgehenden aufklärerischen Vorstellungen, daß Wissen und Tugend voneinander nicht zu trennen sind, sondern auch an ihren Antipoden – an die Rousseauschen Gedanken von ihrer Unvereinbarkeit[109], die ihren extremen Ausdruck heute in der „Kritik der Wissenschaft", in den Konzeptionen von einer „Gegenkultur", in den Vorstellungen von einem Dilemma zwischen Wissenschaft und Moral usw. gefunden haben.

Schon Kant hat festgestellt, daß es keine direkte, eindeutige Verbindung zwischen Wissen und Moral gibt. Dieser Sachverhalt führt eine Reihe von Wissenschaftlern dazu, von einer gewissen „Komplementarität" zu sprechen, die gerade dem europäischen Denken mit seiner Trennung zwischen Objekt und Subjekt eigen sei. Diese „Komplementarität" lasse sich nur beseitigen, wenn man sich der Philosophie des Ostens zuwende, in der es diese Trennung nicht gäbe.[110]

Ich möchte dem, was ich an anderer Stelle dazu bereits gesagt habe, noch einen Einwand hinzufügen: Wir sagen uns offenbar auch manchmal zu früh von jenen wissenschaftlichen Traditionen los, die „aufklärerisch" genannt werden, und betonen zu schroff, daß die Wissenschaft an und für sich „weder gut noch böse" sei, daß alles ausschließlich durch die gesellschaftlichen Bedingungen bestimmt sei usw. Meines Erachtens ist ein solcher „ethischer Neutralismus" unzulässig. Die sozialethischen und humanistischen Prinzipien der modernen Wissenschaft darf man nicht als etwas ihr Äußerliches behandeln, das nur auf der Ebene der wissenschaftlichen Gemeinschaft oder der Gesellschaft als Ganzes wirkt.

Die Ethik der Wissenschaft läßt sich folglich nicht nur, ausgehend von der wissenschaftlichen Erkenntnis selbst (das heißt von Normen, auf die sich die Erkenntnis in ihrer Bewegung zur objektiven Wahrheit hin stützt), begründen, sondern auch als Lehre, die den Wissenschaftler ausschließlich als Mitglied der wissenschaftlichen Gemeinschaft und der Gesellschaft als Ganzes berücksichtigt. Es wäre aber falsch, diese Arten des Herangehens, ausgehend von einem gewissen Dilemma zwischen Wissenschaft und Moral, einander gegenüberzustellen. Die Ethik der Wissenschaft muß beide organisch vereinigen, und die Grundlage bildet die marxistische Lehre von der Einheit der wissenschaftlichen Erkenntnis und den wertmäßigen Arten des Herangehens, von der Wissenschaft als gesellschaftlicher Institution, die wesentlich von humanistischen Idealen bestimmt wird; diese erweisen sich folglich hinsichtlich der „reinen" Forschung als dominierend.

Natürlich können sich diese Beziehungen (und somit auch das ursprüngliche, fundamentale, prinzipielle Wesen der Wissenschaft als einer ihrer Natur nach moralischen und humanen Kraft) nur unter ihnen entsprechenden gesellschaftlichen Bedingungen adäquat äußern, unter ungünstigen Bedingungen verzerren sie sich. Das heißt, daß häufig gerade die gesellschaftlichen Bedingungen real bestimmend für das Wirken der Wissenschaft sind. Wir dürfen aber weder eine Kluft zwischen Wesen und Erscheinung setzen noch die Unterschiede zwischen ihnen ignorieren. Wir dürfen weder die humanistischen, ethischen Orientierungen der Wissenschaft, auch unter ungünstigen gesellschaftlichen Bedingungen, ihrer Perspektive berauben noch davon ausgehen, daß unter günstigen Bedingungen überhaupt keine ethischen und humanistischen Probleme der Wissenschaft und der Verantwortlichkeit der Wissenschaftler entstehen.

Folglich können die ethischen und humanistischen Prinzipien der Wissenschaft nicht an und für sich, nicht losgelöst von den entsprechenden gesellschaftlichen Bedingungen die Aufgabe eines Regulativs der wissenschaftlichen Erkenntnis erfüllen. Daher sind alle Vorstellungen illusorisch, die von der Möglichkeit einer Selbstregelung der Wissenschaften ausgehen, von rein internen moralischen Verpflichtungen und humanistischen Bewertungen der Wissenschaft und der wissenschaftlichen Gemeinschaft, und alle staatlichen Reglementierungen für die wissenschaftliche Forschung ausschließen. Aber da im Kapitalismus die Ziele und Werte der Wissenschaft und die der Gesellschaft nicht selten in antagonistischem Widerspruch stehen, sehen die Wissenschaftler dort jegliche staatliche oder gesellschaftliche Regulierung der Forschung als eine „Kontrolle von außen" an, die ihnen fremd ist und die Freiheit der Forschung unterdrückt. Für den Sozialismus, der sich auf dem Weg zur humansten und freien Gesellschaft, zum Kommunismus, entwickelt, ist die Entstehung solcher Widersprüche systemfremd, und wenn sich trotzdem Widersprüche äußern, so liegt die Ursache in einer Verletzung von Prinzipien der sozialistischen Gesellschaft. Das wird zum Beispiel an dem „Phänomen des Lyssenkoismus" deutlich, über das heute im Westen so viel geredet wird. Es zeigt sich auch am Beispiel der Forschungen auf dem Gebiet der Gentechnik, die in der westlichen Welt eine Unmenge tragischer Konflikte hervorriefen, wie sie im Sozialismus unmöglich sind, da sich die humanistischen Ziele von Wissenschaft und Gesellschaft in einer Einheit befinden. Diese Einheit eröffnet große Möglichkeiten für das freie wissenschaftliche Forschen; die Forschung geht in eine Richtung, die für den Menschen und die Gesellschaft günstig ist.

Auf diese Weise, ausgehend von der grundsätzlichen Einheit von Erkenntnis und Werten (ethischen und sozialen Werten!), betrachten wir auch die sozialethischen Prinzipien der wissenschaftlichen Erkenntnis, der Soziologie und Ethik der Wissenschaft; dabei wird die Priorität des humanistischen Herangehens nicht isoliert von den realen sozialen Bedingungen der jeweiligen Gesellschaft bestimmt, sondern in engem Zusammenhang mit ihnen. Das kann meines Erachtens auch als Grundlage für unsere Einstellung zur Möglichkeit und Notwendigkeit der Ausarbeitung einheitlicher ethischer Kodizes für die Regelung der wissenschaftlichen Erkenntnis auf Gebieten, die die Lebensinteressen der gegenwärtigen Generation und künftiger Generationen berühren, dienen. Zwar werden gegenwärtig intensive Forschungen auf diesem Gebiet durchgeführt, und es wurden bereits eine Reihe interessanter Projekte vorgeschlagen, doch ist deren Rolle hauptsächlich stimulierend, katalysierend. Das Hauptproblem besteht gegenwärtig darin, die Erfüllung der bereits angenommenen sozialethischen und rechtlichen Festlegungen, Kodizes und Vereinbarungen effektiver zu kontrollieren.

Es ist hervorzuheben, daß man in die Reihe der ethischen Kodizes der Wissenschaftler nicht nur jene aufnehmen kann, deren Gültigkeit auf moralische Festlegungen begrenzt ist, wie etwa den Eid des Hippokrates. Es gibt auch ein ganzes System rechtlicher Regelungen für wissenschaftliche Forschungen, beispielsweise für Experimente am Menschen. Wissenschaftler vieler Länder stellen im Zusammenhang mit wissenschaftlichen Forschungen, von denen Gefahren für den Menschen und für das Leben auf der Erde ausgehen können, immer konsequenter Fragen nach der Ausarbeitung globaler Kriterien (die sich nicht allein auf moralische Festlegungen beschränken). Natürlich darf dabei die Entwicklung der Wissenschaft, die Freiheit der Forschung nicht beeinträchtigt werden, sie ist in diesem Falle offenbar als bewußt gewordene Notwendigkeit zu betrachten. Die Zukunft wird zeigen, was zu tun ist, aber eins steht fest: Die Wissenschaft darf nicht außer Kontrolle der Gesellschaft geraten, sie darf nicht zu einer den Menschen und die Menschheit bedrohenden Kraft werden. Jede Art raffinierter Sophistik, die darauf gerichtet ist, die Gefährlichkeit einer unkontrollierten Entwicklung der Wissenschaft zu bagatellisieren, ist zutiefst amoralisch, inhuman und perspektivlos, da sie zum Untergang der Menschheit beitragen kann – und damit auch zum Zusammenbruch der Wissenschaft.

Deshalb wendet man sich heute, ausgehend von unterschiedlichen philosophischen und weltanschaulichen Zielen, immer häufiger den Problemen der Soziologie und der Ethik der wissenschaftlichen Erkenntnis (insbesondere des Lebens und des Menschen) zu. Und hier sind auch die Aktivitäten unserer ideologischen Gegner zu beachten, die sich nachzuweisen bemühen, daß der Marxismus infolge seines „szientistischen Antihumanismus" diesen Problemen gegenüber gleichgültig sei, die Probleme des Menschen, der Sphäre der Moral und anderes mehr ignoriere. Es gibt auch die Tendenz, die Wissenschaft durch religiös-ethische Prinzipien zu ergänzen, da nur diese ihr eine zuverlässige Orientierung geben könnten. Ich habe bereits die Anschauungen katholischer Theologen wie P. Ramsey und J. Fletcher zu den Problemen der Ethik der genetischen Kontrolle und der Gentechnik kritisch analysiert. In den vergangenen Jahren lenkte auch der Weltkirchenrat seine Aufmerksamkeit auf diese Probleme und leistete zum Beispiel bei der Betrachtung und Bewertung der Zulässigkeit oder Unzulässigkeit von Experimenten am Menschen positive Arbeit.[111] Theologische Ethiker heben die axiologischen (sozialethischen und humanistischen) Probleme der modernen Wissenschaft (insbesondere der Ökologie, Humangenetik, Medizin und Gentechnik) hervor und betonen natürlich die dominierende Bedeutung von sittlich-religiösen Werten. Davon zeugen unter anderem die Materialien einer Konferenz über Technik, Glauben und Zukunft der Menschheit.[112]

Es mag seltsam anmuten, aber die Theologen zitieren zur Begründung ihrer These, daß wissenschaftliche Kenntnisse keine Weisheiten moralischer Art seien, auch aus den Materialien eines „Rundtischgesprächs" über Naturwissenschaft, Ethik, Humanismus der sowjetischen Zeitschrift „Voprosy filosofii" (8/1973), um damit auf eine bestimmte Gemeinsamkeit zwischen ihren Auffassungen und denen der Marxisten in der Betrachtung des Problems Wissenschaft – Ethik – Humanismus hinzuweisen. Aber es bleibt der entscheidende Unterschied: Die wiedergegebenen Zitate beziehen sich auf eine konkrete Form der Moral, es geht uns um die kommunistische Moral.

Unsere Behandlung und Lösung des Problems Wissenschaft – Ethik – Humanismus ist der Auffassung der Theologen entgegengesetzt. Der Marxismus vertritt den Humanismus der Wissenschaft und den wissenschaftlichen Humanismus sowie die prinzipielle Einheit von Wissenschaft und Ethik. Das theologische Herangehen ist dem Szientismus eigen, von dem Wissenschaft und Moral, Wissenschaft und Humanismus einander gegenübergestellt werden, es braucht den Szientismus, um ihn zu „ergänzen" und damit seine eigene „Notwendigkeit" zu beweisen.

Wenn wir uns heute den sozialethischen und humanistischen Problemen der Wissenschaft zuwenden, so können wir eine Polarisierung szientistischer und antiszientistischer Auffassungen feststellen, aber auch innerhalb letzterer gibt es verschiedene wissenschaftliche, pseudowissenschaftliche und antiwissenschaftliche Konzeptionen, realistische Einstellungen und vielfältige Varianten des Pessimismus, Konformismus und utopischen Optimismus. Natürlich dürfen wir nicht nur die Schwierigkeiten und Gefahren, die eine Bedrohung für die Zukunft der Menschheit sind, aufgreifen, wir müssen auch die sich klar abzeichnenden positiven Tendenzen, die Anlaß zu Optimismus und Hoffnung geben, berücksichtigen. Diese objektiven positiven Tendenzen, die vom Marxismus aufgedeckt werden und zu deren Entwicklung er beiträgt, erfassen die moderne Wissenschaft im Weltmaßstab; bewußt und zielgerichtet realisiert werden sie in der Wissenschaft im Sozialismus. Die sozialethischen und humanistischen Grundlagen der Wissenschaft im Sozialismus üben einen wachsenden Einfluß auf die Weltwissenschaft aus, in der sich immer mehr ein Verantwortungsbewußtsein für die Zukunft der Menschheit und der menschlichen Zivilisation äußert, wie auch eine kritische Einstellung zu allem, was zu einer Katastrophe führen kann.

Es ist zu hoffen, daß wir diese schwierige und gefährliche Zeit überwinden, daß die Menschheit trotz ihrer Unvollkommenheit und trotz der Unvollkommenheit der mit Hilfe der Wissenschaft geschaffenen Zivilisation weiter zu jener Wahrheit und zu jenem Guten streben wird, die für uns mit der kommunistischen Perspektive identisch sind. Natürlich ist Hoffnung zu wenig, notwendig sind entsprechende Taten, die von den Ideen, dem neuen Verständnis der Wissenschaft und des Humanismus, die der Marxismus-Leninismus, die seine Philosophie gibt, getragen sind – von der Liebe zur Weisheit und zum Menschen als deren Träger, der seine integrierende, kritische und wertmäßig-regulative Funktion in der modernen Wissenschaft ausübt. Darin besteht auch der wissenschaftliche und praktische Wert der Philosophie (obwohl sie im Prinzip einen selbständigen Wert besitzt und als Element der Kultur keine utilitäre Bestimmung ihrer Bedeutung benötigt).

Im historischen Russell-Einstein-Manifest an die Menschheit heißt es: Um das Leben auf unserem Planeten zu retten, müssen wir – als Angehörige der Gattung Mensch – lernen, auf neue Art zu denken, müssen wir uns die Frage stellen, welche Schritte unternommen werden können, damit ein militärischer Konflikt verhindert wird, dessen Folgen für alle Seiten katastrophal wären. Davon ging die Pugwash-Bewegung der Wissenschaftler aus. M. A. Markov stellte 1977 in seinem Artikel „Zwanzig Jahre Russell-Einstein-Manifest" prononciert die Frage: „Haben wir es gelernt, auf neue Art, als Vertreter der Gattung Mensch zu denken?"[113] Eine eindeutige Antwort auf diese Frage wurde nicht gegeben, das ist offenbar heute auch nicht möglich. Eine gewisse Entwicklung ist nicht von der Hand zu weisen, aber es bleiben noch viele Probleme ungelöst und es sind neue, noch kompliziertere und dringendere Fragen hinzugekommen. Dazu gehören auch die gewöhnlich als „globale Probleme" bezeichneten Fragen.

Und gerade der wissenschaftlich-technische Fortschritt in seinem Zusammenhang mit der Entwicklung von Mensch und Gesellschaft ist ein solches globales Problem. Heute beobachten wir eine zunehmende Globalisierung auch innerhalb der Wissenschaft selbst (das äußert sich in der interdisziplinären Synthese, im Zusammenwirken und in der Integration der Wissenschaften) und in ihrer sozialen Entwicklung, einschließlich der sozialethischen und humanistischen „Parameter". Auch hier stehen wir vor dem Problem, „auf neue Art denken zu lernen". Unter dem Aspekt der wissenschaftlichen Erkenntnis bedeutet das in bezug auf die Werte, einschließlich der sozialethischen und humanistischen Werte, dialektisch denken zu lernen, bedeutet es im globalen Maßstab, zu einem neuen Ethos und zu einem neuen Humanismus zu gelangen, die theoretisch ihren Ausdruck im Marxismus finden und die praktisch im Prozeß des Aufbaus einer neuen (der kommunistischen) Zivilisation realisiert werden, sowie in einem ihnen entsprechenden Typus der Wissenschaft, der als historische Tendenz deutlich wird und lebensnotwendig für uns alle als „Angehörige der Gattung Mensch" ist.

Dieses Ethos der Wissenschaft und dieser Humanismus setzen eine Struktur der Wissenschaft voraus, in der der Mensch, seine freie und allseitige Entwicklung im Mittelpunkt steht. Sie haben zum Inhalt, daß der Mensch, als untrennbarer Teil der Menschheit, ein immer stärkeres Gefühl für die hohen Ideale der Menschlichkeit als Antithese zu Egoismus und Fanatismus in allen ihren Formen bekommt. Damit erlangt ein Verständnis des Humanismus im Verhältnis zur Wissenschaft, das dessen gegen Fanatismus gerichtetes, antiautoritäres Wesen akzentuiert, zunehmend Bedeutung. Das wurde schon in der Humanismuskonzeption des Erasmus von Rotterdam deutlich, der als einer der ersten den Kampf gegen den mittelalterlichen religiösen Fanatismus und Autoritatsglauben aufnahm und das Recht der Persönlichkeit auf eine eigene Existenz und auf die Bestätigung dieser Existenz verteidigte, unter anderem in Form der freien Meinungsäußerung, der eigenen Auffassung von der Welt und des Menschen in ihr. Ein Ethos und ein Humanismus, die Vergangenheit und Zukunft vereinigen, die die Freiheit des wissenschaftlichen Schöpfertums und die Verantwortung der Wissenschaftler vor der Wahrheit und dem Menschen bekräftigen, werden besonders in dieser Bedeutung eine stimulierende Wirkung auf die Wissenschaft und die Tätigkeit der Wissenschaftler ausüben, gerade in Bezug auf die globalen Probleme und gerade bei der Errichtung des „Reichs der Freiheit", des Kommunismus.

Als Zusammenfassung des bereits zum Verhältnis Mensch – Wissenschaft – Humanismus Gesagten und bei Berücksichtigung der historischen Entwicklungsperspektive können wir den bekannten Ausspruch des Protagoras auf unseren Gegenstand variieren: Der Mensch ist „das Maß aller Wissenschaften“. Nur diese humanistische Orientierung bietet eine feste Grundlage für die Zukunft des Menschen und für die menschliche Kultur als Ganzes. Auf letzteres hinzuweisen ist wichtig, da der Humanismus nicht nur mit der Wissenschaft verbunden ist. Daher sind Versuche, die Bedeutung der Wissenschaft für das Leben des Menschen und der Menschheit und für die Entwicklung einer zukünftigen humanistischen Kultur zu verabsolutieren ebenso gefährlich wie Versuche, sie herabzumindern oder die Wissenschaft „ihres Nimbus zu entkleiden“ und sie als inhumane Kraft darzustellen. Ihren wahren Sinn gewinnt die Wissenschaft nur in Zusammenhang mit den anderen Sphären der menschlichen Tätigkeit, die die materielle und geistige Kultur der Menschheit aufbauen.

Eine große Rolle spielen in dieser Hinsicht die Sphären der Arbeit, der Kunst und der Moral. In jeder von ihnen äußern sich in spezifischer Form die schöpferischen Wesenskräfte des Menschen und der Menschheit, und jede von ihnen trägt zu dem vielfarbigen Bild der allseitig und harmonisch entwickelten Persönlichkeit bei.

Die moralischen, humanistischen Grundlagen der Wissenschaft und der gesamten menschlichen Kultur gewinnen also immer größere Bedeutung, ohne sie wäre offenbar nur die Finsternis der Kulturlosigkeit, der geistige und physische Zusammenbruch der Menschheit möglich. Folglich bedeutet Orientierung auf die Zukunft in dieser Hinsicht vor allem, sozialethische, humanistische Alternativen zu bestimmen. Und das ist gesetzmäßig angesichts der globalen Probleme, so wie es gesetzmäßig ist, daß sich, ausgehend von der Notwendigkeit des humanistischen, moralischen Fortschritts als geistiger Grundlage für jeden anderen Fortschritt, die kommunistische Perspektive als Rettung der Menschheit, ihrer Kultur und ihrer Zivilisation erweist.

Über den Sinn des Lebens

Die vorangegangene Betrachtung der philosophischen Probleme, die den Menschen und seine Zukunft als Individuum und Persönlichkeit betreffen, warf bedeutsame Fragen auf, die uns gleichsam zu unserem Ausgangspunkt – der Aufdeckung des *Wesens* des Menschen – zurückführen. Deshalb ist es notwendig, im abschließenden Kapitel, in dem eine bestimmte *Zusammenfassung* des über Mensch, Wissenschaft und Humanismus Gesagten und Schlußfolgerungen daraus zu erwarten wären, *neue* Probleme zu stellen. Und das ist wohl kaum zufällig bei der Betrachtung eines so großen Rätsels, wie es der Mensch und seine Zukunft ist; und es ist vielleicht die wichtigste Zusammenfassung und jene Schlußfolgerung, zu der man gelangt, wenn man sich diesem Rätsel zuwendet.

Die Notwendigkeit, sich mit den weltanschaulichen, sozialethischen und humanistischen Problemen des Sinns von Leben, Tod und Unsterblichkeit des Menschen, die jeden bewegen, zu befassen, erfordert keine besondere Begründung. Wenn wir uns nicht damit befassen, bleibt ein bedeutender Teil des menschlichen Geistes unbefriedigt und wendet sich in seinem Suchen unter Umständen der Religion, einer „wissenschaftlichen Gottsuche" oder ähnlichem zu. Die biologischen Wissenschaften, besonders die Genetik, die nach neuen Reserven und Formen des Lebens suchen, sind nicht nur eine Quelle des Wissens, sie werden auch zum Gegenstand eines Glaubens, der natürlich durch eine entsprechende wissenschaftliche Terminologie (manchmal sogar durch „kosmische" Phrasen) verhüllt wird. Deshalb ist jenen Fakten und Schlußfolgerungen der modernen Wissenschaft, die „ewige" Fragen des menschlichen Daseins betreffen, mehr Aufmerksamkeit zu schenken, sie müssen von den Positionen der wissenschaftlichen Philosophie, eines wissenschaftlichen, realen Humanismus aus durchdacht werden.

Die Antwort auf die Frage nach dem Sinn des menschlichen Lebens läßt sich nur finden, wenn in die Untersuchung die verschiedenen wissenschaftlichen, gesellschaftlichen, sozialethischen und sittlich-humanistischen Probleme einbezogen werden. Nur dann werden die unterschiedlichen, jedoch innerlich zu einer Einheit verbundenen Seiten der biotischen und gesellschaftlichen Existenz des Menschen erfaßt, wie auch sein Wesen als „Ensemble der gesellschaftlichen Verhältnisse", seine Lebenstätigkeit und Entwicklung im allgemeinen historischen Prozeß der Evolution des Lebens und die Entwicklung der Vernunft. Das Herausheben nur einer der Seiten führt zu einem einseitigen und somit falschen Verständnis des Wesens des Menschen und folglich auch des Wesens des menschlichen Lebens – das geht von der idealistischen Behauptung irgendwelcher „absoluter Prinzipien", vom Anthropozentrismus, von der „prästabilierten Harmonie" und ähnlichem bis hin zu der allgemeinen Negation des Sinns des Lebens des Menschen und der Menschheit in der existentialistischen Philosophie und in einer Reihe positivistischer Folgerungen über die absolute Zufälligkeit des Lebens und des Menschen und damit über ihre vollständige Sinnlosigkeit.

Diesen Auffassungen steht die marxistische Konzeption vom Sinn des menschlichen Lebens entgegen. Sie geht vor allem von seinem selbständigen Wert, von seinem Selbstzweck aus, begnügt sich aber nicht damit, den Sinn in diesem Leben selbst zu sehen, womit die Frage „Wofür leben?" ignoriert würde. In dieser Konzeption ist ein wissenschaftliches Verständnis des menschlichen Lebens, das von seinen objektiven Grundlagen ausgeht, organisch mit einer wertmäßig bestimmten Betrachtungsweise, die ebenfalls wissenschaftlich, objektiv begründet wird, verbunden. Entsprechend erweist sich das menschliche Leben nicht als zufällig (wie es für das Individuum erscheinen kann) und nicht als sinnlos, weil Individuum und Persönlichkeit nicht nur für sich, sondern auch als Teil eines Ganzen – der Gesellschaft – angesehen werden. Marx betonte schon in seinen frühen Arbeiten: „Das Individuum *ist das gesellschaftliche Wesen.* Seine Lebensäußerung – erscheine sie auch nicht in der unmittelbaren Form einer *gemeinschaftlichen,* mit andern zugleich vollbrachten Lebensäußerung – *ist* daher eine Äußerung und Bestätigung des *gesellschaftlichen Lebens.*"[114]

„Dieser Begriff (= Mensch)", schreibt Lenin, „ist der *Trieb,* sich zu realisieren, sich durch sich selbst in der objektiven Welt Objektivität zu geben und sich zu verwirklichen (auszuführen)."[115] Aber der Mensch unterscheidet sich von allen anderen Lebewesen dadurch, daß er in seinem individuellen Leben niemals die „Ziele" des historischen Lebens der Gattung erreicht. In diesem Sinn ist er ein ständig nicht adäquat realisiertes Wesen. Doch eine Situation, von der Marx sagt: „Das Leben selbst erscheint nur als *Lebensmittel*",[116] befriedigt ihn nicht. Aus diesem Unbefriedigtsein, dieser Nichtrealisierbarkeit erwachsen Beweggründe für eine schöpferische Tätigkeit, die sich aus unmittelbaren (materiellen und anderen) Motiven nicht ergeben. Marx und Engels hoben hervor, „es sei Beruf, Bestimmung, Aufgabe jedes Menschen, sich vielseitig, alle seine Anlagen zu entwickeln ..."[117]

Darin liegt der Sinn des Lebens der einzelnen Persönlichkeit, den sie über die Gesellschaft realisiert. Und das ist im Prinzip auch der Sinn des Lebens der Gesellschaft und der Menschheit als Ganzes, den diese jedoch in historisch widersprüchlichen Formen realisieren, jeweils in Abhängigkeit davon, welche unmittelbaren bewegenden Ziele sie sich stellen, und ob diese mit den Entwicklungszielen des Menschen übereinstimmen (und wenn ja, dann wie weit). Interessant sind in diesem Zusammenhang die Bemerkungen von Marx: Ricardo „will die *Produktion der Produktion halber*, und dies ist *recht*. Wollte man behaupten, wie es sentimentale Gegner Ricardos getan haben, daß die Produktion nicht als solche der Zweck sei, so vergißt man, daß Produktion um der Produktion halber nichts heißt als Entwicklung der menschlichen Produktivkräfte, also *Entwicklung des Reichtums der menschlichen Natur als Selbstzweck*. Stellt man, wie Sismondi, das Wohl der einzelnen diesem Zweck gegenüber, so behauptet man, daß die Entwicklung der Gattung *aufgehalten* werden muß, um das Wohl der einzelnen zu sichern ... (Sismondi hat nur recht gegen die Ökonomen, die diesen Gegensatz *vertuschen*, leugnen.) Daß diese Entwicklung der Fähigkeiten der Gattung *Mensch*, obgleich sie sich zunächst auf Kosten der Mehrzahl der Menschenindividuen und ganzer Menschenklassen macht, schließlich diesen Antagonismus durchbricht und zusammenfällt mit der Entwicklung des einzelnen Individuums, daß also die höhere Entwicklung der Individualität nur durch einen historischen Prozeß erkauft wird, worin die Individuen geopfert werden, wird nicht verstanden, abgesehn von der Unfruchtbarkeit solcher erbaulichen Beziehungen, da die Vorteile der Gattung im Menschenreich wie im Tier- und Pflanzenreich sich stets durchsetzen auf Kosten der Vorteile von Individuen, weil diese Gattungsvorteile zusammenfallen mit den *Vorteilen besondrer Individuen*, die zugleich die Kraft dieser Bevorzugten bilden."[118] Marx betont dabei die wissenschaftliche Ehrlichkeit Ricardos, die dazu führt, daß sowohl die Übereinstimmung der Interessen der industriellen Bourgeoisie mit der produktiven Entwicklung der menschlichen Arbeit als auch ihr Gegensatz zu dieser Entwicklung aufgedeckt wird.

Und die wissenschaftliche Ehrlichkeit, von der er sprach, führte Marx selbst mit Notwendigkeit zur Begründung des Ideals einer zukünftigen Gesellschaft, in der die Entwicklung jedes einzelnen die Bedingung für die Entwicklung aller ist und folglich die Ziele von Gesellschaft und Persönlichkeit übereinstimmen. Die Übereinstimmung, die Einheit von Persönlichem und Gesellschaftlichem, richtiger, das Maß der Übereinstimmung, das sich in verschiedenen geschichtlichen Etappen und in verschiedenen ökonomischen Gesellschaftsformationen verändert, bestimmt auch den Wert des menschlichen Lebens. So ist dieses Maß überpersönlich und übergesellschaftlich, vereinigt aber dialektisch die Ziele und den Sinn des Lebens der Persönlichkeit und der Gesellschaft. Diese können entgegengesetzt sein in ökonomischen Gesellschaftsformationen mit Privateigentum, im Annäherungsprozeß an die kommunistische Gesellschaft kommt es mehr und mehr zu ihrer Übereinstimmung. Auf dem Weg dahin verändert sich das Maß der Übereinstimmung von Persönlichem und Gesellschaftlichem ständig. Dabei geht es um eine immer stärker ausgeprägte Individualisierung der Persönlichkeit und gleichzeitig um ihre Vereinigung mit der Gesellschaft, mit deren Zielen, mit den Zielen und dem Sinn der Existenz der Gesellschaft. Somit ist diese Bewegung ein ständiges Streben zur Zukunft, das dem menschlichen Leben auf individueller und gesellschaftlicher Ebene Sinn und Wert verleiht.

Unser Verständnis von Sinn und Wert des menschlichen Lebens stützt sich also auf die Lehre vom gesellschaftlichen Wesen des Menschen, geht davon aus, daß die gesellschaftlichen Faktoren die biotischen Faktoren nicht einfach vermitteln und modifizieren, sondern zum größten Teil aufheben. Alle Versuche, den Sinn des menschlichen Lebens aus der Sphäre des Biotischen abzuleiten – wie wichtig diese auch für die Lebenstätigkeit des Individuums auf der Ebene der Instinkte, des Unterbewußtseins usw. sein mag – sind falsch, wenn es um das persönliche Verhalten geht. Dieses wird durch gesellschaftliche, sozialethische und moralisch-humanistische Faktoren bestimmt, die seine Regulative sind. Der Sinn des menschlichen Lebens, bestimmt durch diese Faktoren, erhält ebenfalls eine regulative Funktion, deren Bedeutung in dem Maße zunimmt, in dem sich die Menschheit – Individuen und Gesellschaft – in dialektischer Einheit entwickeln.

Das hat Lew Tolstoi eindrucksvoll formuliert: „Der Mensch kann sich als Tier unter Tieren, die nur für den gegenwärtigen Tag leben, betrachten, er kann sich auch als Mitglied der Familie, der Gesellschaft, des Volkes, welches Jahrhunderte lebt, betrachten. Er kann und soll sich sogar unbedingt (weil ihn die Vernunft unaufhaltsam dahin führt) als einen Teil der großen Welt ansehen, welche in der Zeit unendlich ist. Darum sollte der vernünftige Mensch in Bezug auf die unendlich kleinen Lebenserscheinungen, die seine Handlungen bestimmen können, das tun und hat es auch immer getan, was in der Mathematik als Integrierung bezeichnet wird, d. h. er muß alle seine Handlungen nicht nur zu den nächsten Lebenserscheinungen, sondern zur ganzen, in Zeit und Raum unendlichen Welt in Beziehung setzen."[119] Tolstoi vertrat die Auffassung, daß der Mensch gerade aus diesem „Verhältnis zum Ganzen" die „Anleitung für seine Handlungen" ableite: „Das für die lebendigen Menschen unweigerlich notwendige Wissen war und ist stets das Wissen der eigenen Bestimmung in der Lage, in der sich der Mensch in dieser Welt auffindet, und der Tätigkeit oder der Zurückhaltung von der Tätigkeit, die sich aus dem Verstehen dieser Bestimmung ergeben."[120]

Das Akzentuieren der idealen Seiten der Welt und des Wesens des Menschen, seines Denkens, seiner Vernunft und Moral führt jedoch letzten Endes dazu, daß die Frage nach dem Sinn des menschlichen Lebens unnötig wird, da sie bereits in der Bestimmung des Menschen enthalten ist. Dieser Gedanke ist in der Philosophie nicht neu. So schrieb Kant, daß nur der Mensch als denkendes Wesen, das sich durch seine Vernunft selbst seine Ziele bestimmt, ein Ideal der Schönheit, die äußerste Vollkommenheit sein kann. „Von dem Menschen nun ..., als einem moralischen Wesen, kann nicht weiter gefragt werden: wozu (quem in finem) er existiere. Sein Dasein hat den höchsten Zweck selbst in sich, dem, so viel er vermag, er die ganze Natur unterwerfen kann ..."[121] Eine gelassene, wahrhaft philosophische Feststellung. Aber jeder denkende Mensch sucht seine eigene Antwort auf die Frage nach dem Sinn des menschlichen Lebens, zunächst seines eigenen Lebens und erst danach des Lebens der menschlichen Gattung. Diese Suche kann höchst emotional, qualvoll und oft tragisch gefärbt sein.

So war es bei Dostojewski, der das Leben in seinen „äußersten" Formen untersuchte, an jenen „Nahtstellen", die gleichsam das innerste Wesen offenbaren. Deshalb stellte er so eindringlich die Frage: Wozu ist das alles? „Nicht darum hab ich gelitten, daß ich mit meiner Person, mit meinen Missetaten und meinen Leiden anderen die zukünftige Harmonie düngte ... und darum weise ich die höchste

Harmonie ganz und gar zurück. Sie ist nicht eine Träne, auch nur jenes einen, einzigen gepeinigten Kindchens wert, das sich mit den kleinen Fäusten an die Brust schlug und in seinem stinkenden Abtritt unter seinen ungesühnten Tränen zum ‚lieben Gott' flehte! ... Ich will nicht die Harmonie, aus Liebe zur Menschheit will ich sie nicht ... *mag ich auch unrecht haben.*"[122] Die so schroffe Abweisung eines angeblich vollkommenen Allgemeinwohls in der Zukunft – weil der Weg und die Mittel, es zu erreichen, der Moral und Menschlichkeit widersprechen können – setzt neue Grenzen des Verständnisses für den Sinn des menschlichen Lebens. Es bedarf keiner großen Phantasie, dies mit unseren heutigen Sorgen und Gedanken über die Zukunft des Menschen und der Menschheit, so wie sie sich von der Position des Marxismus und Kommunismus aus unter moralisch-ethischen, humanistischen Aspekten darstellen, in Beziehung zu setzen.

Das gilt vor allem für die Frage nach dem *moralischen Sinn* des Lebens des Menschen als Prozeß der *Vervollkommnung* seines gesellschaftlichen Wesens und seiner geistigen Grundlagen. Es gilt auch für die ökonomische Sphäre, für die Wechselbeziehung zwischen Mensch und Natur und für die biosoziale Existenz des Menschen (die Lebensdauer und die Möglichkeit ihrer Verlängerung, das Verhältnis zu Tod und Unsterblichkeit usw.). Hier dominieren, bedingt durch das gesellschaftliche Wesen des Menschen, ebenfalls moralische Prinzipien, der Sinn des menschlichen Lebens als Persönlichkeit, über die unmittelbaren biotischen Faktoren, die Impulse der Existenz des Menschen als Individuum.

Die enge Verbindung der Frage nach dem Sinn des menschlichen Lebens mit den Problemen der Lebensdauer, des Todes und der Unsterblichkeit des Menschen ist durch die ganze Geschichte der Philosophie und der Einzelwissenschaften zu verfolgen. Schon Seneca hob hevor, daß es nicht wichtig sei, ob man lange, sondern ob man richtig lebe. Jedes gut gelebte Leben sei ein langes Leben, betonte Leonardo da Vinci. Montaigne sagte, daß man den Wert des Lebens nicht nach der Länge messen könne, er sei vom Inhalt abhängig, davon, wie man es genutzt habe. Danach wird das Maß des Lebens durch seine menschliche, das heißt soziale, persönliche und moralische Qualität bestimmt. Dieses Maß kann auch als Ausgangspunkt für die Lösung von Problemen dienen, die mit Projekten, die Lebensdauer des einzelnen Menschen zu verlängern, zusammenhängen.

Die Kompliziertheit dieser Probleme ergibt sich daraus, daß, biologisch betrachtet, ein Individuum in gewisser Hinsicht immer nur ein *Mittel* für die Erhaltung der Art ist. Gerade durch die Anpassung der Lebenstätigkeit des Individuums wird die Existenz der Art gesichert, der Art als bestimmte Lebensform, deren zeitliche Dimensionen andere sind als die des Individuums. Doch während im biologischen Sinn die Natur „gleichgültig" wird, „ihr Interesse" am Individuum verliert, wenn dieses die reproduktive Phase abgeschlossen hat, bestimmen für das menschliche Individuum, das zur *Persönlichkeit* geworden ist, nicht mehr die Gesetzmäßigkeiten der Natur, sondern die der Gesellschaft Maß und Wert des Lebens. Und gerade dort, wo die Natur zurücktritt, wächst das Interesse der Gesellschaft, weil die persönliche Entwicklung des einzelnen Ziel und Mittel für die Existenz und Entwicklung der Menschheit ist, der Menschheit sowohl als Art *Homo sapiens* als auch als soziale Gemeinschaft, als Trägerin von Vernunft und Kultur auf der Erde.

Dieser dialektische Widerspruch ist Grundlage und bewegende Kraft für die Entwicklung der Lebensdauer des Menschen; er äußert sich in jeder einzelnen Persönlichkeit, da diese ja nicht aufhört, Individuum zu sein, und sich im Prozeß der Entwicklung zur Persönlichkeit nicht von ihren natürlichen, biotischen Bedingungen und Existenzfaktoren „befreit". Wichtig ist auch, daß selbst im biologischen Sinn eine relative Verlängerung der individuellen Lebensdauer mit einer erhöhten Stabilität der sich weiterentwickelnden Art verbunden ist.

Jedoch ist die individuelle Lebensdauer an sich kein absolutes Kriterium für die Überlebensfähigkeit einer Art unter bestimmten Umweltverhältnissen. Die Art überdauert die Ablösung von Generationen, das Altern und den Tod der Individuen. In diesem Zusammenhang bemerkte der sowjetische Wissenschaftler I. I. Šmal'gauzen: „In der Reihe der Tiere vollzieht sich ein Entwicklungsprozeß zu immer vollkommeneren und beständigeren Formen der Individualität ... Tiere mit durchaus stabiler aktiver Individualität vermehren sich nur durch einzelne Geschlechtszellen. Der ganze übrige Körper geht früher oder später zugrunde. Der Tod ist der Preis für die Erlangung höchster Individualität mit langer Existenz ... Folglich ist die Existenz der Individuen immer zeitlich begrenzt. Wenn nicht der Tod, führen andere Ursachen zum Verlust der Individualität."[123]

Unter hochentwickelter Individualität versteht Šmal'gauzen „die Form, die sich durch größte Aktivität auszeichnet"[124]. Es ist gerechtfertigt, diese Charakteristiken auch auf den Menschen als Individuum, als Vertreter der Art *Homo sapiens* anzuwenden, obwohl dies subjektiv gesehen zu recht traurigen Überlegungen und Schlußfolgerungen führt. Wir erwähnten bereits die Worte von Marx über den „Preis", mit dem die höchste Entwicklung der Individualität erkauft wird, und daß „die Vorteile der Gattung im Menschenreich wie im Tier- und Pflanzenreich sich stets durchsetzen auf Kosten der Vorteile von Individuen, weil diese Gattungsvorteile zusammenfallen mit den *Vorteilen besondrer Individuen* ..."[125]. Doch damit hört die Übereinstimmung auch auf, denn die Entwicklung der Individuen als Persönlichkeiten, die unter bestimmten gesellschaftlichen Verhältnissen (im Kommunismus) mit den „Vorteilen der Gattung" zusammenfällt, setzt die Entwicklung eines *jeden* als Bedingung für die Entwicklung aller voraus.

Das alles steht in direkter Beziehung zu dem Problem der Dauer des menschlichen Lebens, des Alterns und des Todes des Individuums und der Persönlichkeit. Dieses Problem, das das Denken des Menschen wahrscheinlich von Anfang an bewegt, ist bis auf den heutigen Tag eines der größten Rätsel und erregt nach wie vor Verstand und Emotionen des Menschen. Es existiert eine umfangreiche Bibliographie von Arbeiten (über Sechzigtausend) zu verschiedenen Aspekten (biologischen, demographischen, gerontologischen, psychologischen und anderen) des Problems von Leben, Altern und Tod des Menschen in ihrem Zusammenhang und in ihrer wechselseitigen Bedingtheit. Dabei gewinnen die gesellschaftlichen und philosophischen, ethischen und humanistischen Aspekte dieses Problems heute besondere Bedeutung; auf die Gründe dafür wollen wir im folgenden eingehen.

Gegenwärtig ist ein bedeutendes Altern der Weltbevölkerung zu verzeichnen.[126] Es wird angenommen, daß sich bis zum Jahre 2000 die Zahl der alten Menschen auf 600 Millionen erhöhen wird. In diesem Zusammenhang ergibt sich die Frage, wie man ihnen ein aktives Alter sichern kann, eine Teilnahme an der Arbeit und am Leben der Gesellschaft. Darauf gehen auch die auf dem XXVI. Parteitag der KPdSU beschlossenen „Hauptaufgaben der wirtschaftlichen und sozialen Entwicklung der UdSSR in den Jahren 1981 bis 1985 und im Zeitraum bis 1990" ein. In diesem Dokument wird die Aufgabe gestellt, „ein System von Maßnahmen zur Erhöhung der Lebenserwartung und der Arbeitsaktivität der Menschen sowie zu ihrer Gesunderhaltung" zu verwirklichen.[127] Der Erfüllung dieser Aufgabe dient auch das wissenschaftliche Komplexprogramm „Verlängerung des Lebens", an dessen Realisierung Dutzende Institute und Einrichtungen der Sowjetunion unter der koordinierenden Tätigkeit des Instituts für Gerontologie der Akademie der Medizinischen

Wissenschaften der UdSSR beteiligt sind. „Ein vollwertiges Leben im Alter“ – diese Devise bildet auch die humanistische Grundlage für eine Reihe internationaler Wirkungsbereiche von Wissenschaftlern, Ärzten und anderen Spezialisten, insbesondere im Rahmen der Weltgesundheitsorganisation.

Natürlich wird ihre Verwirklichung vor allem von sozialökonomischen Faktoren bestimmt, und hier hat der Sozialismus unbestreitbare Vorzüge, die es erlauben, humanistische Zielstellungen heute und in der Zukunft praktisch zu realisieren. Es gibt jedoch auch Probleme globalen Charakters, deren theoretische Lösung Voraussetzung für die praktische Tätigkeit der Menschheit zur Verlängerung des menschlichen Lebens ist. Unter ihnen spielen auch philosophische, sozialethische und moralische, humanistische Probleme, die eng mit der Lösung der Frage nach Sinn und Wert des menschlichen Lebens zusammenhängen, eine nicht geringe Rolle.

Wendet man sich diesen Problemen zu, so wird deutlich, daß sie nur dann richtig gestellt und gelöst werden können, wenn man das Wesen der Prozesse von Leben, Altern und Tod des Menschen wissenschaftlich versteht, wenn sie im Kontext des Zusammenwirkens biotischer und gesellschaftlicher Faktoren betrachtet werden, die das Maß des Lebens, die biotische und gesellschaftliche Dauer des Lebensprozesses des Individuums und der Persönlichkeit beeinflussen. Marx schrieb: „So besteht der Lebensprozeß des Menschen in einem Durchlaufen verschiedner Alter. Zugleich aber existieren alle Alter des Menschen nebeneinander, an verschiedne Individuen verteilt.“[128] Dadurch wird auch die *menschliche* Wahrnehmung von Zeit und Maß des Lebens beeinflußt, und es wird möglich, das Individuelle und Historische, das Biotische und Gesellschaftliche in dialektischer Einheit zu sehen.

Bei der Erörterung und Einschätzung der Möglichkeit, die menschliche Lebenszeit zu verlängern, ergibt sich daher eine Frage von fundamentaler Bedeutung: Welche Zeit meinen wir, was wollen wir verlängern – die biotische Zeit des Individuums oder die gesellschaftliche, persönliche Zeit, die bei all ihrer Objektivität sehr subjektiv ist und an prinzipiell anderen Faktoren gemessen wird, an Faktoren, die außerordentlich stark emotional, psychisch und moralisch gefärbt sein können.

Man kann die Verlängerung des menschlichen Lebens bewußt als wissenschaftliches und gesellschaftliches Ziel stellen, dann ergibt sich die Frage: Zu *welchem Zweck* ist dies notwendig, wie dient es der Persönlichkeit und der Gesellschaft? Diese Frage kann aber gar nicht entstehen, wenn das Leben selbst als absoluter und sich selbst genügender Wert akzeptiert wird. Schließlich kann die Verlängerung des Lebens auch spontan erreicht werden – im Verlauf des historischen Prozesses, der sich unter anderem in der Evolution der Lebensdauer ausdrückt. Sie wird in der Tat so erreicht, wie man aus entsprechenden demographischen Untersuchungen entnehmen kann.

So geht aus vielen demographischen Erhebungen hervor, daß die Lebenserwartung des Menschen im Verlauf der Geschichte sich erhöhte, und daß diese Entwicklung auch in unseren Tagen anhält. Dabei handelt es sich nicht um die „rein" biotische Zeit, die genetisch bedingt ist (und die es beim Menschen als Persönlichkeit, die unter dem dominierenden Einfluß gesellschaftlicher Faktoren steht, nicht gibt), sondern um die gesellschaftliche Lebensdauer, für die die Lebensbedingungen und die Umwelt eine bestimmende Rolle spielen, weil sie die Wirkung der biotischen Faktoren wesentlich modifizieren.[129] Obwohl die demographischen Angaben nicht immer genau sind und die Ergebnisse verschiedener Forscher nicht übereinstimmen, widerspiegeln sie doch hinreichend vollständig die allgemeinen Gesetzmäßigkeiten und Tendenzen sowie deren konkrete Realisierung in den industriell entwickelten (sozialistischen und kapitalistischen) Ländern und in den Entwicklungsländern. Die Berücksichtigung gesellschaftlicher Faktoren ermöglicht es auch, den Prozeß des Alterns des Menschen zu unterteilen in das normale Altern, das natürlich vor sich geht, in dem Maße, in dem sich die Reserven des Organismus verbrauchen, und in das pathologische Altern, zu dem es bei einer negativen Einwirkung gesellschaftlicher Faktoren auf die natürlich verlaufenden Prozesse des Alterns kommt. Und so ist es die erste und wichtigste Aufgabe, die Ursachen, die zu einem pathologischen Altern führen, auf ein Minimum zu reduzieren. Diese Aufgabe stimmt mit den allgemeineren gesellschaftlichen Aufgaben überein, die Gesellschaft so zu gestalten, daß dem Menschen normale menschliche Existenzbedingungen gesichert werden, zu denen auch die medizinische Betreuung gehört. Das Recht auf Gesundheit ist, sozial gesehen, auch der Ausgangspunkt zur Durchsetzung des Rechts auf Leben, dieses währt umso länger, je effektiver die biotischen Reserven des Menschen realisiert und die pathologische Einwirkung von Faktoren des frühen sozialen Alterns auf ein Mindestmaß reduziert werden.

Dieser Aspekt der Frage ist unter den gegenwärtigen Bedingungen grundlegend, und hier decken sich die humanistische, ethische Auffassung mit der gesellschaftlichen. Sowohl vom rein humanistischen

Standpunkt aus, nach dem der Wert eines langen menschlichen Lebens evident und sich selbst genügend ist, als auch vom sozialen Standpunkt aus, der die gesellschaftliche Bedeutsamkeit, den für die Gesellschaft zunehmenden Wert der Erhaltung der durch Wissen, Lebenserfahrung und Weisheit bereicherten menschlichen Individualität berücksichtigt, erscheint die Verlängerung der normalen sozialen Lebensdauer durch Begrenzung oder vollständige Verdrängung des pathologischen Alterns in der Zukunft als progressiver Prozeß, und zwar sowohl in Hinsicht auf den einzelnen als auch in Hinsicht auf die Gesellschaft. Freilich besteht nur im Kommunismus die Möglichkeit, dieses Ziel vollständig zu erreichen, wenn der Wert eines jeden individuellen Lebens vollständig mit dem Wert des Lebens der Gesellschaft übereinstimmen wird.

Anders verhält es sich mit der biotischen Lebensdauer, das heißt mit der *Lebenszeit der Art,* die evolutionsgenetisch kodiert ist und die individuelle Abfolge vieler Einzelleben als Bedingung für ihre historische Lebensdauer voraussetzt. Hier ergeben sich viele neue wissenschaftliche Fragen, die im wesentlichen an die Biologie gerichtet sind. Doch auch diese Fragen können nicht losgelöst von den gesellschaftlichen und moralisch-humanistischen Aspekten des allgemeinem Problems von Wesen und Sinn des menschlichen Lebens, von seiner Dauer, von Tod und Unsterblichkeit des Menschen betrachtet werden.

Es gibt heute Hunderte verschiedener Konzeptionen, die unterschiedliche Aspekte des Problems des Alterns in den Vordergrund stellen – und manchmal auch verabsolutieren. Viele von ihnen modernisieren nur mit neuem biologischen (insbesondere molekulargenetischen) Material ältere Hypothesen. Die Konzeptionen lassen sich in zwei Hauptkategorien unterteilen, die besagen: (1) Altern und Tod sind genetisch programmiert; (2) Altern und Tod sind bedingt durch sich anhäufende genetische Schäden, die der Organismus nicht rechtzeitig zu beseitigen vermag. In der Regel werden in diesen Hypothesen und Konzeptionen Altern und Tod mit Evolutionsmechanismen verbunden; hier äußert sich der Einfluß der Auffassungen Mečnikovs, Weismanns, Šmal'gauzens und anderer.

In einigen ähnlichen Hypothesen und Konzeptionen finden sich reduktionistische – biologistische – Tendenzen, die einzelne Faktoren der Lebenstätigkeit des menschlichen Organismus verabsolutieren. Mehr und mehr setzt sich aber die Erkenntnis durch, daß es notwendig ist, komplex, systemtheoretisch an das Problem von Altern und Tod des Menschen heranzugehen (zum Beispiel in der adaptationsregulatorischen Konzeption der Kiewer gerontologischen Schule). Dieses Herangehen stützt sich auf das Verständnis des gesellschaftlichen Wesens des Menschen, durch das die biotischen Faktoren vermittelt und ihm untergeordnet werden. Aber es gibt auch Auffassungen, die dies verneinen.

Doch zumindest was die Gegenwart und die nächste Zukunft betrifft, setzt sich die Idee durch, daß es möglich und notwendig ist, mit Hilfe mannigfaltiger wissenschaftlicher Methoden ein Höchstmaß der artspezifischen (biotischen) Lebensdauer des Menschen zu erreichen (manche Wissenschaftler schätzen sie auf etwa 150 Jahre). Darauf sind gegenwärtig die Hauptanstrengungen der Wissenschaftler gerichtet. Aber es zeichnen sich auch andere, kompliziertere Ziele und Aufgaben ab. Man sagt sogar, daß wir an der Schwelle einer neuen Ära stünden, in der die Medizin den *Homo sapiens* auch in den *Homo longevivus,* einen außerordentlich langlebigen Menschen, verwandeln wird, einer Ära, in der sich Männer und Frauen auch in fortgeschrittenem Alter ihre geistige und körperliche Leistungsfähigkeit erhalten werden. Wenn dies aber zuträfe, so würden wir das Leben mit ganz anderen Augen betrachten müssen.[130]

Worum geht es? Ich meine, eine derartige Auffassung vom Leben muß von realen humanistischen Leitmotiven des Bewußtseins und des Verhaltens getragen sein. Sie muß von einer präzisen Bestimmung dessen ausgehen, wofür der Mensch länger leben soll als es durch die normalen Altersparameter gegeben ist, die den individuellen Besonderheiten der Persönlichkeit und den gesellschaftlichen Bedürfnissen entsprechen. Diese persönlichen Leitmotive hängen zwar wesentlich von den gesellschaftlichen Bedingungen ab, wirken aber auch auf diese zurück. Hier besteht eine Dialektik, die zur Zeit in den gerontologischen Untersuchungen noch zu wenig berücksichtigt wird.

Allerdings zeichnet sich schon heute in einer ganzen Reihe von Theorien zur Gerontogenese die Tendenz ab, von dieser Dialektik von Biotischem und Sozialem, Individuellem und Gesellschaftlichem auszugehen, beispielsweise in den Versuchen einer Gliederung der Lebenszeit des Menschen in ein chronologisches, ein biotisches, ein psychisches und ein soziales Alter.[131] Meines Erachtens wird in naher Zukunft auch der Begriff des Gesellschaftlichen in bezug auf die Länge des menschlichen Lebens differenziert werden, insbesondere unter Berücksichtigung der individuellen (darunter auch der moralisch-humanistischen) Leitmotive des Bewußtseins und Verhaltens. Denn was auch immer die Wissenschaft (namentlich die Makrobiotik, die Kunst, das Leben zu verlängern) uns versprechen mag, Senecas weise Aussage behält ihre Gültigkeit: Die beste Methode zur Verlängerung des Lebens besteht darin, es nicht zu verkürzen. Und Kant sagt, daß man am längsten lebe, wenn man am wenigsten Sorge trägt, das Leben zu verlängern, doch mit der Behutsamkeit, es nicht, durch die Störung der wohltätigen Natur in uns, abzukürzen.[132]

Interessante Gedanken äußern C. N. Parkinson und H. Le Compte in ihrem Buch „The Law of Longer Life"[133]. Ihre Konzeption enthält bei allen biologistischen und malthusianistischen Einseitigkeiten eine sehr rationale Idee: Es gibt viele Mittel zur Verlängerung des Lebens, doch darf man nicht außer acht lassen, daß die Frage leben oder sterben in vielem vom Zustand des Verstandes abhängt. Wir sterben, sagen sie, wenigstens zum Teil, weil wir hinreichend lange gelebt haben, und wir leben, weil wir noch *etwas tun müssen.*[134] Ich hebe diesen Gedanken hervor, weil er die Länge des menschlichen Lebens sehr eng mit den *persönlichen Einstellungen* verbindet, einschließlich der Auffassung vom Sinn des Lebens, von seinen Zielen und seiner moralischen Wertung.

Außerordentlich aufschlußreich sind in diesem Zusammenhang die Gedanken von Engels in seinem Brief an Sorge, den er am Tag nach dem Tode von Marx schrieb: „Die Doktorenkunst hätte ihm vielleicht noch auf einige Jahre eine vegetierende Existenz sichern können, das Leben eines hülflosen, von den Ärzten zum Triumph ihrer Künste nicht plötzlich, sondern zollweise absterbenden Wesens. Das aber hätte unser Marx nie ausgehalten. Zu leben, mit den vielen unvollendeten Arbeiten vor sich, mit dem Tantalusgelüst, sie zu vollenden und der Unmöglichkeit, es zu tun – das wäre ihm tausendmal bittrer gewesen, als der sanfte Tod, der ihn ereilt."[135]

Eine große Bedeutung hat in dieser Beziehung die Entwicklung von Vorstellungen, in denen die dominierende Rolle der gesellschaftlichen Faktoren in ihrem soziobiotischen Kontext begründet ist, der der wirklichen Natur des Menschen als eines biosozialen Wesens entspricht. Und auch hier liegt eine wichtige methodologische und axiologische Aufgabe der wissenschaftlichen Philosophie und Soziologie des Menschen, es geht darum, die Besonderheiten der ethischen Grundlagen und den Sinn von Leben, Altern und Tod des Menschen zu erfassen. Darauf deuten viele Fakten und Tendenzen hin, die sich jedoch meines Erachtens im wesentlichen auf die Zukunft der Wissenschaft beziehen, auf das „Zeitalter des Menschen".

In diesem Entwicklungsstadium der Wissenschaft vom Menschen

– als humanisierte, wahrhaft *menschliche* Wissenschaft – werden nicht nur die biologischen Wege zur Verlängerung des menschlichen Lebens erkundet werden, es wird auch dessen *Maß* bestimmt werden, in dem das biologische Verständnis von Leben und Tod dialektisch mit dem sozialen, ethischen und humanistischen Verständnis verbunden ist. Dieses Maß steht in engem Zusammenhang mit einer optimalen Realisierung der Wesenskräfte des Menschen; nicht nur die Verlängerung der individuellen Lebensdauer wird sich als Ziel von Wissenschaft und Gesellschaft erweisen, sondern vor allem die Entwicklung des Reichtums der menschlichen Natur als Selbstzweck: Der Grad der Teilnahme der Persönlichkeit am Leben der Menschheit und an der Realisierung der unbegrenzten Entwicklung des Menschen als gesellschaftliches Wesen wird die individuellen Parameter im Leben des Menschen bestimmen (die mit seinen biotischen Möglichkeiten in Einklang gebracht werden).

Das erfordert, sowohl die allgemeinen Vorstellungen über den Sinn des menschlichen Lebens und über das Verhältnis zwischen Individuellem und Gesellschaftlichem zu verändern als auch die Einstellung zum Tod, und zwar nicht nur unter wissenschaftlichen, sondern auch unter sozialethischen, moralisch-humanistischen Aspekten. Heute, in einer Zeit, in der sich die Wissenschaft das Ziel stellt, das menschliche Leben zu verlängern, gibt es über die Ziele des Lebens sehr widersprüchliche Vorstellungen, ebenso über die zeitlichen Parameter, die nicht immer in Abhängigkeit von den sozialethischen und humanistischen Faktoren gesehen werden. So spricht man zum Beispiel davon, daß es in Zukunft möglich sein werde, die Dauer des menschlichen Lebens auf tausend und mehr Jahre zu verlängern, ja sogar bis ins Unendliche.[136]

Wie aber stellen sich uns diese Probleme sozialethisch und moralisch-humanistisch dar? Wird die Menschheit immer danach streben, die Dauer des *individuellen* Lebens maximal zu verlängern und, mehr noch, den Menschen unsterblich zu machen? Oder wird sie andere Lösungen finden, wenn das sozialethische und moralisch-humanistische Bewußtwerden des Sinns des menschlichen Lebens damit verbunden sein wird, daß die Persönlichkeit sich nicht als von der Menschheit getrennt denkt, weil sich für sie die Bedürfnisse und Interessen der Menschheit als die höchsten erweisen werden? Dann wird die Lebensdauer der einzelnen Persönlichkeit durch konkrethistorische Bedingungen, Möglichkeiten und Bedürfnisse bestimmt werden, die mit den persönlichen übereinstimmen.

Es ist schwer zu sagen, wie die Wissenschaft das Problem der

Verlängerung der Lebensdauer in Zukunft lösen wird, aber eines ist klar: Der Weg zur Lösung setzt die komplexe Anwendung unterschiedlicher Methoden voraus, die den komplizierten Wechselwirkungen im System des menschlichen Organismus Rechnung tragen. Noch schwerer ist es, heute etwas über die zukünftigen konkreten zeitlichen Parameter des individuellen biotischen Lebens der Persönlichkeit zu sagen, aber das können wir auch getrost den Generationen überlassen, die nach uns kommen werden. Es gibt heute schon viele Arbeiten, in denen gezeigt wird, wie das im Reifealter erreichte Niveau des Intellekts bis ins hohe Alter erhalten werden kann (und das ist für die Persönlichkeit das Entscheidende).[137] Die wichtigste Aufgabe besteht offenbar darin, diese unschätzbare Gabe maximal und rationell zu nutzen. Man sollte vorerst keine Ziele stellen, von denen man nicht weiß, welche Folgen ihre Durchsetzung für die Menschheit und für die einzelne Persönlichkeit haben wird. Denn wie sich auf diese in gesellschaftlicher, psychischer und moralischer Hinsicht eine Perspektive auswirken wird, in der das Leben über die artspezifischen Parameter hinausgeht, ist ungewiß, zumal dies eine wesentliche Veränderung des menschlichen Organismus mit Hilfe der „Homotechnologie" voraussetzt.[138] Das kann unter anderem zum Verlust der menschlichen Individualität, der Identität der Persönlichkeit führen. Außerdem ist nicht nur die Gerontophobie gefährlich, sondern auch die Gerontophilie, ebenso jedes Aufhalten der historischen Generationsfolge, jede Konservierung des Erreichten und die furchterregende Perspektive einer Extrapolation auf die ferne Zukunft oder gar auf die Unendlichkeit. Man kann sich schwer einen Menschen vorstellen, der bereit wäre, sich als ewige Verkörperung und Standard des „Menschen schlechthin" gleichsam der Zukunft aufzudrängen, denn damit verlöre der Mensch den großen Reiz des Neuen, würde des Geheimnisses jener „absoluten Bewegung des Werdens" des Menschen beraubt. Übrigens hat Jonathan Swift das am Beispiel der „auserwählten" Einwohner von Laputa beschrieben, die „zur Unsterblichkeit verdammt" waren und im Greisenalter die anderen Greise um den Tod beneideten.

Auch die Postulate der sogenannten *Juvenologie* müssen noch ernsthaft überprüft werden, nicht nur aus biologischer, sondern auch aus sozialethischer und moralisch-humanistischer Sicht. Begründeter und wirkungsvoller erscheint mir jedenfalls die *gerontologische* Konzeption I. V. Davydovskijs, nach der „die Langlebigkeit und das mit ihr verbundene Problem eines *aktiven schöpferischen* Alters realer sind als langweilige Unsterblichkeit". Im Grunde handelt es sich um einen neuen Menschen, der seine potentiellen Möglichkeiten nicht nur auf der Erde, sondern auch in den endlosen Weiten des Kosmos erkannt hat und zum Herrn von Zeit und Raum geworden ist.[139]

Diese Konzeption stimmt nicht nur mit den wissenschaftlichen Realitäten unserer Zeit und zumindest der nächsten Zukunft überein, sondern, und das ist das Wichtigste, auch mit den sozialethischen und moralisch-humanistischen Prinzipien, die als wichtige, in der Folge wahrscheinlich als entscheidende Regulative für die Dauer des menschlichen Lebens dienen werden. Sie betrachtet das Leben als unendlichen historischen Prozeß, in dem ein sinnvoller und humaner Wechsel zeitlich begrenzter individueller Leben vor sich geht, als Freude und Trauer des Entstehens, der Reife und des Todes unwiederholbarer und in sich unerschöpflicher Persönlichkeiten. Wie der sowjetische Demograph B. C. Urlanis bemerkte, schätzen wir das Leben gerade deshalb, weil es nicht endlos ist.

„Nicht nur für uns, sondern auch für jene, die nach uns kommen, zu leben", von diesem humanistischen Prinzip gehen wir aus. Das heißt von einem entsprechenden Verständnis für den Sinn des menschlichen Lebens, für sein wissenschaftlich-philosophisches Bewußtwerden, für den gesellschaftlichen und moralischen Fortschritt der Menschheit heute und in der Zukunft auszugehen. Auf diesem Weg hat die Menschheit offenbar noch vieles zu erforschen und zu überwinden – die ganze Geschichte ihres Denkens ist dabei einzubeziehen, besonders wenn es um Erwägungen über die Zukunft geht.

In letzter Zeit sind derartige Überlegungen oft auf die Vergangenheit gerichtet, und nicht selten werden dabei Lehren, die von der Geschichte schon vergessen oder halbvergessen waren, einschließlich religiös-idealistischer Lehren, wieder aufgegriffen. Dabei handelt es sich nicht nur um traditionelle religiös-idealistische Dogmen von der Unsterblichkeit der „Seele", um Vorstellungen von der „Auferstehung" und von einem „Leben nach dem Tode" (wie es in der Bibel heißt: „Denn der Staub muß wieder zu der Erde kommen, wie er gewesen ist, und der Geist wieder zu Gott, der ihn gegeben hat."). Und nicht nur Vertreter der Religion versuchen, die alten Dogmen mit den neuesten Daten der Wissenschaft – der Genetik, der Psychophysiologie und sogar der Kosmonautik – in Übereinstimmung zu bringen. Nicht wenige zeitgenössische Wissenschaftler verbleiben in ihren philosophischen Reflexionen über die Zukunft in dem begrenzten Bereich des bereits Gesagten. Sie wenden sich sogar bei der Betrachtung prinzipiell neuer Erscheinungen, die schöpferisch in neuen Kategorien und Modellen erfaßt werden müssen, Vorstellungen und Ideen zu, die weder der fortgeschrittenen historisch-philosophischen Tradition noch der natürlichen und gesellschaftlichen Realität und den Ergebnissen der wissenschaftlichen Erkenntnis von Leben und Tod des Menschen entsprechen. Deshalb können sie uns in der Erkenntnis dieser „ewigen" Fragen nicht voranbringen. Und wenn die gegenwärtige einzelwissenschaftliche und philosophische Forschung in den Fragen nach Leben und Tod des Menschen in immer höherem Maße die entscheidende Rolle der sozialethischen und humanistischen Faktoren für die Entwicklung der Persönlichkeit betont, so orientiert sie sich gewiß nicht an deren absurden Formen in orthodoxen, religiös-idealistischen Konzeptionen, auch nicht an den neuesten, die sich, angereichert mit neuen wissenschaftlichen Daten, modern geben.[140]

Das wissenschaftliche Verständnis des gesellschaftlichen Wesens des Menschen als Individuum und Persönlichkeit in ihrer Verbindung mit der Gesellschaft, mit der Menschheit als Ganzes, sowie das Verständnis der Dialektik von Individuellem und Historischem in ihrer Entwicklung ermöglicht dem Marxismus-Leninismus auch eine wissenschaftliche Beantwortung der Fragen von Tod und Unsterblichkeit des Menschen. Der Marxismus hebt diese Fragen als philosophisches Problem nicht auf, wie die Systeme des objektiven Idealismus und verschiedene pantheistische Vorstellungen; er überträgt sie dialektisch aus der Sphäre des nur individuellen und natürlichen, biotischen Daseins des Menschen in die Sphäre des Gattungslebens der Menschheit, das durch gesellschaftliche und geistige Faktoren, einschließlich sittlich-humanistischer, bestimmt wird. Marx betonte: „Der *Tod* scheint als ein harter Sieg der Gattung über das bestimmte Individuum und ihrer Einheit zu widersprechen; aber das bestimmte Individuum ist nur ein *bestimmtes Gattungswesen,* als solches sterblich."[141] Den Kommunismus sieht Marx als „die *wahrhafte* Auflösung des Widerstreites" nicht nur „zwischen dem Menschen mit der Natur und mit dem Menschen, ... zwischen Existenz und Wesen, ... zwischen Freiheit und Notwendigkeit", sondern auch „zwischen Individuum und Gattung. Er ist das aufgelöste Rätsel der Geschichte".[142]

Und eines der geheimnisvollsten Rätsel der Geschichte ist das Problem von Tod und Unsterblichkeit, das sich insbesondere auch in dem Widerspruch zwischen Individuum, Persönlichkeit und menschlicher Gattung, der Gesellschaft äußert, die in ihrer zeitlichen Entwicklung eben die Geschichte ist. Aber hier reicht es natürlich nicht aus, die Probleme nur unter dem Aspekt der Gattung zu betrachten, die Position der marxistisch-leninistischen Philosophie nur von der optimistischen Seite her zu bestimmen, nur davon auszugehen, daß, auch wenn das Individuum stirbt, es doch in der menschlichen Gattung, in seiner Nachkommenschaft und im schöpferischen Erbe der Menschheit, in ihrer materiellen und geistigen Kultur Unsterblichkeit erlangt.

Die marxistisch-leninistische Philosophie muß sich auch der anderen, der individuellen Seite von Tod und Unsterblichkeit zuwenden, die von der Persönlichkeit empfunden wird und etwas Tragisches enthält, das keine Philosophie, auch nicht die optimistischste, aufheben kann.

Nicht Optimismus, sondern *Realismus,* genauer gesagt, ein *wissenschaftlicher, realer Humanismus* bildet die ethische, philosophische Grundlage für ein marxistisches Herangehen an die Fragen von Tod und Unsterblichkeit des Menschen.

Damit können natürlich keine endgültigen Lösungen gegeben werden, keine Lösungen, die für alle und jeden geeignet sind, aber es werden klar die allgemeine weltanschauliche Position und die aktuellen Wege zur Lösung dieser Fragen gekennzeichnet, die für jede Persönlichkeit in intellektueller und emotionaler Beziehung unterschiedlich und einmalig sind. Schon G. V. Plechanov hob hervor: „Vom Standpunkt der modernen Naturwissenschaft hat der Tod nichts Geheimnisvolles. Der Tod ist durchaus keine Sphinx. Von jedem Toten kann man das gleiche sagen, was einst Shelley von dem verstorbenen Dichter Keats gesagt hat ‚He is made one with Nature'. („Er ist eins geworden mit der Natur') ... Dies ‚Einswerden mit der Natur' schließt nichts Geheimnisvolles in sich, aber es ist darin zuweilen etwas recht Schmerzhaftes, besonders für die, die in dem Verstorbenen ein Wesen verloren haben ..."[143] Gerade letzteres, und nicht nur, daß für einige Menschen der Gedanke an den Tod nichts Furchterregendes mehr hat, zeigt das Problem des eigenen Todes unter sozialethischen und moralisch-humanistischen Aspekten in anderem Licht.

Meines Erachtens ist es außerordentlich fruchtbar, das Problem des Todes nicht nur „vom Standpunkt der Naturwissenschaft", ergänzt durch emotionale Erfahrungen, zu betrachten oder von rein ethischen, philosophischen Positionen aus, mit dem Versuch, diese Erfahrungen zu erweitern, sondern in *Einheit* beider. Dabei berücksichtigt man nicht nur die persönlichen Erlebnisse und die Gedanken über den *eigenen* Tod, über den Tod als Erscheinung, die einen selbst betrifft, sondern auch, wie dieser Tod von einem *anderen* aufgenommen wird.[144]

Heute wird den sozialethischen und moralisch-humanistischen Aspekten dieser Probleme zunehmend Aufmerksamkeit entgegengebracht, nicht nur im Zusammenhang mit den sich verschärfenden und immer stärker ins Bewußtsein tretenden persönlichen Dilemmas und Alternativen des Daseins, sondern auch im Zusammenhang mit den Erfolgen der biomedizinischen Forschungen, von denen bereits die Rede war. Dabei geht es uns hier nicht um die genetische und medizinische Technik der ferneren Zukunft, die es erfordern wird, diese Probleme neu zu durchdenken und eine Reihe humanistischer Prinzipien neu zu bestimmen, womit es auch zu einer Veränderung der Soziologie und Ethik des Lebens und des Todes des Menschen kommen wird.

Schon heute vertreten viele Wissenschaftler die Auffassung, daß die Biologie, die Wissenschaft vom Leben, durch eine Biologie des Todes ergänzt werden muß. Es gibt viele moralisch-humanistische Dilemmas, sehr umstrittene Fragen, die über den Rahmen der traditionellen Betrachtungsweise hinausgehen, insbesondere im Zusammenhang mit der Entwicklung der Reanimatologie, deren große Erfolge es nicht selten ermöglichten, Menschen, die sich bereits im Zustand des klinischen Todes befunden hatten, wieder zum Leben zurückzubringen.[145] An der Erörterung der sozialethischen und moralisch-humanistischen Fragen, die mit dem Tod des Menschen zusammenhängen, beteiligen sich die marxistisch-leninistischen Philosophen, Ethiker und Soziologen noch zu wenig. Dabei kommt es oft zu ganz unerwarteten Fragestellungen und zu strittigen, manchmal auch falschen und inhumanen Schlußfolgerungen, wie wir sie häufig in der westlichen einzelwissenschaftlichen und philosophischen Literatur finden.[146] Aufschlußreich ist in diesem Zusammenhang die Fragestellung nach dem „Recht auf Tod", zu der es zwei entgegengesetzte Positionen gibt: einerseits wird die unbegrenzte Freiheit der Persönlichkeit bei der Lösung dieser Frage gefordert, andererseits die völlige Unterordnung unter staatliche und gesellschaftliche Interessen.

Offenbar ist dies eine bedeutsame Frage, die von den Positionen des wissenschaftlichen, realen Humanismus in der Philosophie von Leben und Tod des Menschen aus zu beantworten ist, auch in bezug auf die Kultur des Sterbens. Weder phantastische Träume und Hoffnungen noch panische negative Emotionen und krankhafte psychische Angespanntheit, sondern Ehrlichkeit und Mut angesichts des Todes, die Einstellung der Persönlichkeit, die für sich diese Fragen weise als *organischen Teil ihres Lebens* gelöst hat – diese philosophische Grundhaltung steht in Übereinstimmung mit dem wissenschaftlichen, realen Humanismus.

Das gilt auch für unsere Einstellung und für unser Verhalten im Falle des Todes eines anderen, und es trifft gleichermaßen für die Gesellschaft als Ganzes zu. Wie reagiert sie auf den Tod einer Persönlichkeit? Von der Religion sind bestimmte Verhaltensformen und Rituale ausgearbeitet worden, die aber mehr und mehr an Bedeutung verlieren. Doch was haben wir dagegen zu setzen? Entspricht alles der Vernunft und Humanität des Menschen, der sich von den Dogmen der Religion, von ihren Mythen und Kulten freigemacht hat? Das ist noch nicht so, und wir haben meines Erachtens die große ethische, philosophische und praktische Aufgabe, die Kultur in bezug auf den Tod zu entwickeln, das schließt die Zeremonie der Bestattung und vieles andere ein.

Diese Fragen gehören zu unserem Leben, und wenn wir uns um unser Leben kümmern, müssen wir auch, ausgehend von den Positionen des wissenschaftlichen, realen Humanismus, den moralischen, philosophischen und praktischen Problemen des Todes mehr Aufmerksamkeit zuwenden. Der Mensch darf in keiner Frage, die den Menschen betrifft, sein Wesen verleugnen, das seine Vernunft und seine Humanität bestimmt. Nur diese Einsicht eröffnet ihm eine Perspektive, die seiner würdig ist, die dem individuellen Dasein eines jeden und der historischen Entwicklung der Menschheit als Ganzes einen Sinn gibt.

Ich betone das deshalb, weil gerade in der ideellen Sphäre von Vernunft und Humanität in höchstem Grade auch das Wesen des Menschen und folglich seine Perspektiven sichtbar werden. „Der Mensch braucht ein Ideal, aber ein menschliches, der Natur entsprechendes und kein übernatürliches Ideal ...“[147] Die wissenschaftliche Philosophie und ihr Humanismus geben ein Ideal, das den Sinn des menschlichen Lebens in seinen individuellen, persönlichen und allgemeinmenschlichen, gesellschaftlichen Parametern bestimmt. Und dieses Ideal bestätigt auch den dialektischen Zusammenhang von Natürlichem, Biotischem und Gesellschaftlichem, Endlichem und Unendlichem, von Tod und Unsterblichkeit des Menschen, der sich vollendet in dem, was seinem Wesen entspricht – in der *materiellen und geistigen* Kultur der Menschheit. In diesem Sinne stellt auch die wissenschaftliche Philosophie bestimmte ideale Ziele, die von der untrennbaren Einheit von Leben, Tod und Unsterblichkeit ausgehen und ein Gefühl geben für die Unerschöpflichkeit und Grenzenlosigkeit des Lebens einer einzigartigen, nicht wiederholbaren Persönlichkeit. Gerade darauf beruht die *regulierende Rolle der Moral* im individuellen Leben des Menschen, auch in seiner Einstellung zu Tod und Unsterblichkeit.

In der Unsterblichkeit der Vernunft und der Humanität des Menschen liegt die Unsterblichkeit der Menschheit. Damit wird die globale Bestimmung des Menschen und der Menschheit hervorgehoben, ihre Verantwortung für die Erhaltung des Lebens und der Vernunft auf unserem Planeten, die hilft, die Gefahren, die von der Unvernunft und vom Antihumanismus ausgehen, zu überwinden. Einst werden sich die großen Potenzen der Vernunft und Humanität des Menschen realisieren, und das wird seine wahre Geschichte sein, die Zeit der „absoluten Bewegung des Werdens“ (Marx) in der wahrhaft menschlichen, kommunistischen Gesellschaft.

Doch diese Frage ist auch noch von einer anderen Seite aus zu betrachten, in Verbindung mit der realen, natürlichen, biotischen Unerschöpflichkeit der Menschheit und der Unsterblichkeit ihrer Vernunft, sogar mit der Möglichkeit anderer Formen des Lebens und der Vernunft, der Existenz anderer, außerirdischer Zivilisationen im unendlichen All. Dieser Aspekt ist außerordentlich interessant, er wird gegenwärtig in der einzelwissenschaftlichen und philosophischen Literatur, auch der marxistischen, intensiv erörtert. Das Vordringen der Menschheit in den Kosmos, die Möglichkeit, in Zukunft in die unendlichen Weiten des Alls vorzustoßen, wird in vielem auch die Zeitvorstellungen verändern, was offenbar mit einem neuen Verständnis vom Sinn des menschlichen Lebens, von seiner Dauer, von Tod und Unsterblichkeit zusammenhängen wird. Das wird auch die *kosmische* Bestimmung und Verantwortung des Menschen und der Menschheit bewußt machen, deren Unsterblichkeit ebenfalls in der Unsterblichkeit *ihrer Vernunft und Humanität* liegt.

Diese Probleme erfordern natürlich eine spezielle philosophische Untersuchung, die nicht nur von allgemeinen futurologischen Postulaten ausgehen darf, sondern von einer Analyse der realen wissenschaftlichen Voraussetzungen, wie sie unter Anwendung sehr verschiedenartiger mathematischer und technischer Methoden und Forschungshilfsmittel in steigendem Maße von Wissenschaftlern geschaffen werden. Und wenn auch das Problem der Existenz außerirdischer Formen des Lebens und der Vernunft ungelöst und sehr umstritten ist, so ist schon die Suche nach einer Lösung ein Stimulus für die wissenschaftlich-technische Entwicklung der menschlichen Zivilisation und trägt dazu bei, daß sich der Mensch seiner *Einzigartigkeit,* der Einmaligkeit seiner spezifischen Merkmale bewußt wird. Denn gerade diese bedingen die Notwendigkeit eines ununterbrochenen Fortschritts des menschlichen Verstandes und der Humanität.

Das gegenwärtige einzelwissenschaftliche und philosophische Denken weist einen Anthropozentrismus zurück, der davon ausgeht, daß sich der ganze Kosmos um den Menschen dreht und den Menschen niemals ein vorschnelles Ende ereilt, wenn nicht gleichzeitig, entsprechend seiner Vorbestimmung das Weltall zusammenbricht.[148] Es wendet sich immer häufiger der *anthropokosmischen Dimension* zu und versteht den Menschen als organischen, aktiven Teil des Kosmos, einschließlich aller darin möglichen Formen von Leben und Vernunft.

Das zwingt uns, das Problem der realen Unsterblichkeit der Menschheit auf neue Weise zu betrachten. Dabei ist von denselben Ansätzen auszugehen wie bei den Überlegungen über Individuum und Gattung, Teil und Ganzes, Endliches und Unendliches. Wir finden „das Unendliche im Endlichen, das Ewige im Vergänglichen".[149] Eine mögliche Endlichkeit der natürlichen, biotischen Existenz des Menschen und der Menschheit akzeptierend, vertritt die wissenschaftliche Philosophie die Auffassung, daß die Materie in allen ihren Wandlungen immer wieder den denkenden Geist „anderswo und in andrer Zeit wieder erzeugen muß",[150] daß dieser in unendlich mannigfaltigen Formen im unendlichen All vorhanden ist, und daß die Wahrscheinlichkeit besteht, daß die menschliche Vernunft in das Weltall vorstößt. Das läßt sich schon nicht mehr nur als Optimismus gegenüber den pessimistischen Vorstellungen vom unvermeidlichen Untergang der menschlichen Vernunft und von der Ausschließlichkeit dieser Vernunft (in diesem Falle ihrer Einmaligkeit), die die Einsamkeit des Menschen im Kosmos voraussetzt, betrachten. Das ist wissenschaftlicher Realismus, der in dialektischer Einheit den unendlichen Fortschritt von Vernunft und Humanität als eine notwendige Bedingung für den kosmischen Fortschritt der Menschheit sieht. Unter Berücksichtigung dieses humanistischen Aspekts könnte es insbesondere die Erörterung der Probleme, die mit der Suche nach außerirdischen Zivilisationen zusammenhängen, erlauben, neue Ansätze zum Verständnis dieser Fragen zu finden. Es könnte sich um das Postulieren von Formen der Vernunft, die höher als die menschliche Form sind, handeln oder um Äußerungen, die etwa der Humanität entsprechen, die dem Menschen noch unbekannt sind und deshalb potentiell mögliche Kontakte ausschließen. Folglich ist eine *Ethik* erforderlich, von der Schweitzer gesprochen hat: eine Ethik der Ehrfurcht vor dem Leben und seinem wichtigsten Erzeugnis – der Vernunft und Humanität.

Aber diese Überlegungen weisen in die Zukunft, sie gehen über die Zeitparameter realer, begründeter Voraussagen über die Perspektiven des Menschen, über den Komplex der gesellschaftlichen und natürlichen, biotischen Faktoren seiner Existenz hinaus. Doch auch wenn wir diese Zeitparameter berücksichtigen, können wir realistisch behaupten: Den Menschen und die Menschheit erwartet eine schöne, grenzenlose Zukunft, wenn die ihm eigene Vernunft und Humanität triumphieren und der Mensch sich von ihnen leiten läßt. Sicher wird sich das Menschenbild verändern, so wie es sich schon vielmals vorher geändert hat. Die Natur hat im Menschen die höchste Komplexität im Aufbau und in der Regulierung der materiellen Erscheinungen erreicht, in ihm verkörpern sich, organisch miteinander verbunden, biotische und gesellschaftliche, materielle und geistige Prozesse. Der Mensch ist aus einer Schöpfung der Natur zu deren Erforscher und zunehmend vernünftigerem Umgestalter geworden, der sich seiner globalen und kosmischen Verantwortung bewußt ist. Die ethische Bedeutung dieser Tatsache ist gewaltig, sie kann ein starker Antrieb sein, den Wert des menschlichen Lebens, der Vernunft und Humanität des Menschen immer mehr ins Bewußtsein zu bringen.

Im Verlauf unseres Jahrhunderts wurden immer häufiger Stimmen laut, der Mensch habe seinen Selbstwert, den Zusammenhang mit seiner gesellschaftlichen Umwelt, den Sinn seines Lebens verloren. Im Zusammenhang damit stehen düstere Überlegungen über eine Krise des Geistes: eine Krise der Wissenschaft und der Kunst, ja, der Kultur überhaupt und sogar vom Tod der Kultur, von einer Nacht der Barbarei, die der Menschheit drohe. In der Tat hat sich das zwanzigste Jahrhundert als eine Zeit schwerer Prüfungen für die humanistische Kultur gezeigt, deren Grundstein in der Antike und in der Renaissance gelegt wurde. Doch das Feuer des Prometheus, die schöpferische Schaffenskraft des Menschen und der Menschheit, erlischt nicht und auch nicht die dem Menschen von Prometheus als erste Tugend gegebene *Hoffnung*. „Noch am Grabe pflanzt er – die Hoffnung auf“, sagt Schiller in seinem Gedicht „Hoffnung“. Die Hoffnung drückt die unerschöpfliche Fähigkeit des Menschen aus, ein Ideal und Ziel vor sich zu sehen, jenen „blauen Vogel“ (M. Maeterlinck), der Erstaunen erregt und zu sich lockt, der den Wunsch und die Energie zu schöpferischem Handeln hervorruft.

Die schöpferische Tätigkeit und die Hoffnung geben den Glauben an die Zukunft, an den historischen Fortschritt, an die Macht und Unbesiegbarkeit des Menschen. – „Der Mensch darf nicht aufgeben ... Man kann vernichtet werden, aber man darf nicht aufgeben."[151] Diese stolzen Worte Hemingways werden im Leben geprüft, vielleicht häufiger, als es für das Leben und für den Menschen als dessen „Krone" notwendig ist. Doch die ständige Entwicklung des Reichtums der menschlichen Natur – vor allem der Vernunft und der Humanität – festigt die Hoffnung auf den vollständigen Sieg des Menschen, sowohl als Persönlichkeit, als auch als Vertreter der Gattung. Damit bestätigen wir als ethische Grundlage der wissenschaftlichen Philosophie vom Menschen die Prinzipien des *wissenschaftlichen, realen Humanismus.* In ihm sind die Logik der Entwicklung der menschlichen Geschichte, die Wahrheit der menschlichen Erkenntnis, der Sinn des menschlichen Daseins und die Hoffnung des Menschen auf die Zukunft begründet.

Anmerkungen

1 K. Marx, Theorien über den Mehrwert, in: Karl Marx/Friedrich Engels, Werke (im folgenden MEW), Bd. 26.2., Berlin 1956–1984, S. 111
2 K. Marx, Ökonomisch-philosophische Manuskripte (1844), in: MEW, Ergänzungsband. Erster Teil, S. 544
3 Ebenda
4 I. T. Frolov, Wissenschaftlicher Fortschritt und Zukunft des Menschen. Kritik des Szientismus, Biologismus und ethischen Nihilismus, Berlin 1978
5 I. T. Frolov, Perspektivy čeloveka, Moskva 1979
6 Siehe V. V. Sagladin/I. T. Frolov, Global'nye problemy sovremennosti, Moskva 1981 (dt.: Globale Probleme der Gegenwart, Berlin 1982)
7 A. Toffler, The Third Wave, New York 1980 (dt.: Die Zukunftschance. Von der Industriegesellschaft zu einer humaneren Zivilisation, München 1980)
8 A. Toffler, Die Zukunftschance, a. a. O., S. 328
9 Ebenda, S. 438
10 T. Roszak, Person – Planet: The Creative Disintegration of Industrial Society, New York 1979
11 Ebenda, S. XIX
12 Ebenda, S. 31
13 Ebenda, S. 117
14 Ebenda, S. 119
15 Ebenda, S. 321
16 W. Hollstein, Die Gegengesellschaft: Alternative Lebensformen, 2. Aufl., Bonn 1980; W. Schlaffke, Abseits: Die Alternativen – Irrweg oder neue Weltkultur, Köln 1979
17 J. W. Forrester, World Dynamics, Cambridge (Mass.) 1970 (dt.: Der teuflische Regelkreis. Das Globalmodell der Menschheitskrise, Stuttgart 1971); D. H. Meadows et al., The Limits to Growth. A Report to the Club of Rome's Project on the Predicament of Mankind, New York – London 1972 (dt.: Die Grenzen des Wachstums, Stuttgart 1972)
18 M. Mesarović/E. Pestel, Mankind at the Turning Point. The Second Report to the Club of Rome, New York 1974 (dt.: Menschheit am Wendepunkt, Stuttgart 1974)
19 D. Gabor et. al., Beyond the Age of Waste: Science, Technology and the Management of Natural Resources, Energy, Materials and Food, New York

1976 (dt.: Das Ende der Verschwendung. Zur materiellen Lage der Menschheit, Stuttgart 1976); E. Laszlo et al., Goals for Mankind. A Report to the Club of Rome. On the New Horizons of Global Community, New York – Dutton 1977

[20] A. Peccei, The Human Quality, New York 1977 (dt.: Die Qualität des Menschen, Stuttgart 1977); J. W. Botkin/M. Elmandjra/M. Malitza, No Limits to Learning: Bridging the Human Gape, Oxford 1979 (dt.: Das menschliche Dilemma – Zukunft und Lernen, Wien – München 1979); B. Hawrylyshyn, Road Maps to the Future. Towards More Effective Societies. A Report to the Club of Rome, Oxford – New York 1980. Diese Arbeiten wurden in: W. Sagladin/I. Frolow, Globale Probleme der Gegenwart, a. a. O., ausführlich behandelt.

[21] A. Peccei, Facing Unprecedentel Challenges: Mankind in the Eighties, Laxenburg 1980

[22] I. Botkin/M. Elmandjra/M. Malitza, No Limits to Learning: Bridging the Human Gape, a. a. O. (dt.: Das menschliche Dilemma – Zukunft und Lernen, a. a. O.); zum Projekt „Forum Humanum", siehe A. Peccei, Die Zukunft in unserer Hand, Wien – München – Zürich – New York 1981, S. 208–211

[23] A. Peccei, Cent Pages Pour l'Avenir. Réflexions du Président du Club de Rome, Paris 1981 (dt.: Die Zukunft in unserer Hand. Analyse and Reflexion, Wien – München – Zürich – New York 1981)

[24] A. Peccei, Die Zukunft in unserer Hand, a. a. O., S. 11, 112, 120, 156, 162, 168 f.

[25] B. Hawrylyshyn, Road Maps to the Future. Towards More Effective Societies. A Report to the Club of Rome, a. a. O., S. 4, 102, 181

[26] E. Laszlo, Le systémisme: vision nouvelle du monde. Pour une philosophie naturelle fondée sur les nouvelles tendances des sciences actuelles, Paris 1981

[27] Ebenda, S. 69–70

[28] Ebenda, S. 76

[29] Ebenda, S. 87

[30] Ebenda, S. 94

[31] Ebenda, S. 96

[32] Ebenda, S. 100

[33] Ebenda, S. 102

[34] Ebenda, S. 104

[35] A. King (Ed.), The State of the Planet. A Report prepared by the International Federation of Institute for Advanced Studies (IFIAS), Oxford 1980

[36] G. Friedrichs/A. Schaff (Ed.), Microelectronics and Society. For Better or for Worse. A Report to the Club of Rome, Oxford – Zürich 1982 (dt.: Auf Gedeih und Verderb. Mikroelektronik und Gesellschaft. Bericht an den Club of Rome, Wien – München – Zürich 1982)

[37] G. Friedrichs/A. Schaff (Ed.), Auf Gedeih und Verderb, a. a. O., S. 31

[38] Ebenda, S. 37

[39] Ebenda, S. 39

[40] I. T. Frolov, Wissenschaftlicher Fortschritt und Zukunft des Menschen, a. a. O.

41 F. Engels, Brief an J. Bloch vom 21. 9. 1890, in: MEW, Bd. 37, S. 463, 465
42 J. W. Andropow, Die Lehre von Karl Marx und einige Fragen des sozialistischen Aufbaus in der UdSSR, in: Neues Deutschland vom 25. 2. 1983, S. 4
43 K. Marx, Zur Kritik der Hegelschen Rechtsphilosophie. Einleitung, in: MEW, Bd. 1, S. 385
44 K. Marx, Zur Judenfrage, in: MEW, Bd. 1, S. 370
45 F. Engels, Die Lage Englands, in: MEW, Bd. 1, S. 531
46 Ebenda, S. 546
47 K. Marx/F. Engels, Manifest der Kommunistischen Partei, in: MEW, Bd. 4, S. 482
48 K. Marx, Kritik des Hegelschen Staatsrechts, in: MEW, Bd. 1, S. 222
49 K. Marx, Das Elend der Philosophie, in: MEW, Bd. 4, S. 160
50 K. Marx, Das Kapital. Erster Band, in: MEW, Bd. 23, S. 637
51 K. Marx, Ökonomisch-philosophische Manuskripte (1844), in: MEW, Ergänzungsband. Erster Teil, S. 517
52 K. Marx, Zur Kritik der Politischen Ökonomie, in: MEW, Bd. 13, S. 23–24
53 K. Marx, Ökonomisch-philosophische Manuskripte (1844), in: MEW, Ergänzungsband. Erster Teil, S. 517
54 K. Marx, Zur Kritik der Hegelschen Rechtsphilosophie. Kritik des Hegelschen Staatsrechts, in: MEW, Bd. 1, S. 241
55 K. Marx/F. Engels, Die deutsche Ideologie, in: MEW, Bd. 3, S. 21
56 K. Marx, Ökonomisch-philosophische Manuskripte (1844), in: MEW, Ergänzungsband. Erster Teil, S. 542
57 K. Marx, Revenue and its sources. Die Vulgärökonomie, in: MEW, Bd. 26.3., S. 482
58 K. Marx, [Brief an die Redaktion der „Otetschestwennyje Sapiski"], in: MEW, Bd. 19, S. 111
59 F. Engels, [Zwei Reden in Elberfeld], in: MEW, Bd. 2, S. 556
60 F. Engels/K. Marx, Die heilige Familie, in: MEW, Bd. 2, S. 98
61 K. Marx, Ökonomisch-philosophische Manuskripte (1844), in: MEW, Ergänzungsband. Erster Teil, S. 579
62 K. Marx, Einleitung zu den „Grundrissen der Kritik der politischen Ökonomie", in: MEW, Bd. 42, S. 27
63 Ebenda, S. 28
64 Ch. J. Lumsden/E. O. Wilson, Genes, Mind and Culture, Harvard University Press, 1981
65 Siehe M. Ruse, Filosofija biologii, Perevod iz anglijskogo, pod obšč. red. I. T. Frolova, Moskva 1977 (M. Ruse, The Philosophy of Biology, London 1973)
66 M. Ruse, Sociobiology: Sense or Nonsense? London 1979
67 Das wurde von B. G. Judin und mir im Vorwort zur russischen Übersetzung von M. Ruse, „The Philosophy of Biology" hervorgehoben.
68 C. N. Parkinson/H. Le Compte, The Law of Longer Life, Alabama 1980
69 Sociobiology: Beyond Nature/Nurture? Reports, Definitions and Debate, ed. by G. W. Barlow and J. Silverberg, Colorado 1980

70 M. Ruse, Sociobiology: Sense or Nonsense?, a. a. O., S. 65

71 J. Huxley, The Human Crisis, University of Washington Press, 1965; J. Huxley, Ich sehe den künftigen Menschen, München 1965

72 K. Marx, Grundrisse der Kritik der politischen Ökonomie, in: MEW, Bd. 42, S. 608

73 K. Marx, Ökonomisch-philosophische Manuskripte (1844), in: MEW, Ergänzungsband. Erster Teil, S. 539

74 Ebenda

75 Ebenda, S. 539

76 L. S. Vygotskij, Izbrannye psichologičeskie issledovanija, Moskva 1956

77 S. L. Rubinstein, Grundlagen der allgemeinen Psychologie, Berlin 1959

78 A. N. Leontjew, Tätigkeit, Bewußtsein, Persönlichkeit, Berlin 1979; A. N. Leontjew, Probleme der Entwicklung des Psychischen, Berlin 1964

79 Siehe insbes.: V. V. Davydov/V. P. Zinčenko, Princip razvitija v psichologii. Materialy III. Vsesojuznogo soveščanija po filosofskim problemam sovremennogo estestvoznanija, Vypusk 1, Moskva 1981

80 A. N. Leontjew, Probleme der Entwicklung des Psychischen, a. a. O., S. 225

81 K. Marx, Ökonomisch-philosophische Manuskripte (1844), in: MEW, Ergänzungsband. Erster Teil, S. 538 f.

82 V. V. Davydov/V. P. Zinčenko, Princip razvitija v psichologii. Materialy III. Vsesojuznogo soveščanija po filosofskim voprosam sovremennogo estestvoznanija, Vypusk 1, a. a. O., S. 151

83 Ebenda, S. 152

84 K. Marx, Ökonomisch-philosophische Manuskripte (1844), in: MEW, Ergänzungsband. Erster Teil, S. 541 f.

85 XXVI. Parteitag der KPdSU. Dokumente, Berlin 1981, S. 16

86 N. A. Dobroljubov, Polnoe sobranie sočinenij, Moskva 1934, S. 207

87 K. Marx, Rede auf der Jahresfeier des „People's Paper" am 14. April 1856 in London, in: MEW, Bd. 12, S. 4

88 J. Banner jr., Affinities Between Scientists and Humanists, in: Science, Vol. 211, No. 4477, 1981

89 The Humanities in American Life, University of California Press, Berkeley 1980

90 Kant charakterisierte die Besonderheiten des ästhetischen Urteils, er hob hervor: „*Angenehm* heißt jemandem das, was ihn *vergnügt*; *schön*, was ihm bloß *gefällt;* gut, was *geschätzt, gebilligt*, d. i. worin von ihm ein objektiver Wert" gesetzt wird. (I. Kant, Kritik der Urteilskraft, in: Werke in sechs Bänden, Bd. 5, Wiesbaden 1957, S. 287)

91 K. Marx, Ökonomisch-philosophische Manuskripte (1844), in: MEW, Ergänzungsband. Erster Teil, S. 516 f.

92 W. I. Lenin, Materialismus und Empiriokritizismus, in: Werke, Bd. 14, Berlin 1962, S. 116

93 G. W. F. Hegel, Vorlesungen über die Geschichte der Philosophie I. Einleitung, in: Werke in zwanzig Bänden, Bd. 18, Frankfurt am Main 1971, S. 13 f.

94 In diesem Zusammenhang sei an die interessante Äußerung Dostojewskijs er-

innert: Die Wahrheit ist poetischer als alles, was es auf der Welt gibt. (F. M. Dostojevskij; Polnoe sobranie chudožestvennych proizvednij, Tom II, Moskva – Leningrad 1956, S. 123)

95 K. Marx, Theorien über den Mehrwert. Zweiter Teil, in: MEW, Bd. 26.2, S. 112

96 Siehe insbes. Th. S. Kuhn, Die Struktur wissenschaftlicher Revolutionen, Frankfurt am Main 1967. Kuhn betrachtet hier „Paradigmata" in ihrer normativen Funktion (als „Sätze von Vorschriften", „allgemein anerkannte Leistungen" u. a.), das heißt auch als Werte (S. 192–194). Er weist das Kriterium der objektiven Wahrheit des Wissens, das heißt, daß das Wissen einer außerhalb des Menschen existierenden Realität entspricht, im wesentlichen zurück, widerspricht aber nicht einer Kennzeichnung dieser Position als relativistisch (S. 226/227)

97 W. I. Lenin, Materialismus und Empiriokritizismus, in: Werke, Bd. 14, a. a. O., S. 131

98 W. I. Lenin, Konspekt zu Hegels „Wissenschaft der Logik", in: Werke, Bd. 38, Berlin 1976, S. 191

99 Erinnern wir uns an die Worte Iwan Karamasows: „Eine ganze Welt des Erkennens wöge denn doch diese Tränen nicht auf, mit denen das Kindchen zum ‚lieben Gott' betet ... Ich erkläre mit Nachdruck von vornherein, daß die ganze Wahrheit diesen Preis nicht wert ist." (F. M. Dostojewski, Die Brüder Karamasow, Bd. I, Berlin und Weimar 1981, S. 387, 392)

100 Siehe dazu I. T. Frolov, Perspektivy čeloveka, a. a. O., Kap. 2, 5, 6; I. T. Frolov, O dialektike i ėtike biologičeskogo poznanija, Moskva 1980; Sociologija i ėtika poznanija žizni i čeloveka, in: Přiroda, 9/1982 u. a.

101 Siehe: WHO Chronicle, 1/1982

102 Siehe dazu: V. A. Ėngel'gardt, in: Voprosy filosofii, 7/1980, S. 84

103 S. Čavkin, Pochititeli razuma. Psichochirurugija i kontrol' nad dejatel'nost'ju mozga, Moskva 1981

104 J. Lejeune, Genetika i psichičeskoe zdorov'e, in: Genetika i blagosostojanie čelovečestva, Moskva 1981, S. 92

105 Ebenda

106 I. T. Frolov, Social'no-ėtičeskie problemy gennoj inženerii, in: Přiroda, 1/1976

107 Siehe V. V. Vel'kov, Opasny li opyty s rekombinantnymi DNK?, in: Přiroda, 4/1982

108 Experten aus den USA äußern sich in der letzten Zeit in dem Sinne, daß mit Hilfe der Gentechnik nicht eine biologische Waffe geschaffen werden darf, die das überträfe, was mit anderen Methoden erreicht worden ist. Mehr noch, man erörtert die Idee, daß es möglich sei, mit Hilfe der Gentechnik Vakzine gegen bakteriologische Waffen zu entwickeln.

109 Bekanntlich äußerte J.-J. Rousseau diese Gedanken in der „Abhandlung über die Frage: Hat das Wiederaufleben der Wissenschaften und Künste zur Besserung der Sitten beigetragen?" (J.-J. Rousseau, Frühe Schriften, hg. von W. Schröder, Leipzig 1965)

110 Diese Ideen entwickelte Stent in seinem Vortrag auf dem XVI. Weltkongreß

für Philosophie (1978). Siehe dazu I. T. Frolov, Žizn' i poznanie, Moskva 1981, S. 2

111 Siehe Experiments with Man, Geneva – New York 1969

Siehe Genetics and the Quality of Life, in: Study Encounter, Vol. X, No. 1, Geneva 1974

113 M. A. Markov, Zwanzig Jahre Russell-Einstein-Manifest, in: Wissenschaftliche Welt, 4/1977, S. 15 ff.

114 K. Marx, Ökonomisch-philosophische Manuskripte (1844), in: MEW, Ergänzungsband. Erster Teil, S. 538 f.

115 W. I. Lenin, Konspekt zu Hegels „Wissenschaft der Logik", in: Werke, Bd. 38, a. a. O., S. 203

116 K. Marx, Ökonomisch-philosophische Manuskripte (1844), in: MEW, Ergänzungsband. Erster Teil, S. 516

117 K. Marx/F. Engels, Die deutsche Ideologie, in: MEW, Bd. 3, S. 273

118 K. Marx, Theorien über den Mehrwert, in: MEW, Bd. 26.2, S. 111

119 L. N. Tolstoi, Was ist Religion?, Berlin 1902, S. 14

120 L. N. Tolstoj, Religija i nauka, in: Polnoe sobranie sočinenij, tom 39/40, Moskau – Leningrad 1956, S. 427

121 I. Kant, Kritik der Urteilskraft. Anhang: Methodenlehre der teleologischen Urteilskraft, in: Werke in sechs Bänden, Bd. 5, a. a. O., S. 558

122 F. M. Dostojewski, Die Brüder Karamasow, Bd. I, Berlin 1962, S. 374, S. 376

123 I. I. Šmal'gauzen, Problema smerti i bessmertija, Moskva – Leningrad 1926, S. 80

124 Ebenda, S. 79

125 K. Marx, Theorien über den Mehrwert, in: MEW, Bd. 26.2., S. 111

126 Nach der von der Weltgesundheitsorganisation (WHO) angenommenen Klassifikation rechnet man zum fortgeschrittenen Alter bei Männern das Alter von 61 bis 75 und bei Frauen von 55 bis 75 Jahren, danach beginnt das Greisenalter.

127 XXVI. Parteitag der KPdSU. Dokumente, a. a. O., S. 17

128 K. Marx, Grundrisse der Kritik der politischen Ökonomie, in: MEW, Bd. 42, S. 539

129 A. G. Višnevskij untersuchte die soziale Lenkung der Lebensdauer in verschiedenen Entwicklungsetappen der Menschheitsgeschichte sowie die Perspektiven zur Senkung der Morbidität an der Schwelle des dritten Jahrtausends und darüber hinaus (siehe: A. G. Višnevskij, Vosproizvodstvo naselenija i obščestvo, Moskva 1982, S. 81–147

130 J. Kurtzman/Ph. Gordon, No more Dying, Los Angeles 1976, S. 14. Die Autoren erörtern verschiedenartige Verfahren zur Verlängerung des Lebens, einschließlich der Transplantation, der Bionik, der Kryobiologie, der Gentechnik und anderer. Leider schließen sie dem Wesen nach die dominierende Rolle der sozial-moralischen Faktoren der Gerontogenese aus.

131 Siehe: T. V. Karsaevskaja/A. T. Šatalov, Filosofskie aspekty gerontologii, Moskva 1978, S. 79

132 Kant beschränkte sich nicht auf Beobachtungen des Lebensalltags. Er schrieb ein spezielles Traktat „Von der Macht des Gemüts, durch den bloßen Vorsatz seiner krankhaften Gefühle Meister zu sein“. (I. Kant, Der Streit der Fakultäten, in: Werke in sechs Bänden, Bd. 6, Frankfurt am Main 1964, S. 371–393)

133 C. N. Parkinson/H. Le Compte, The Law of Longer Life, a. a. O.

134 Das betonte schon Cicero; er sagte, daß dem Alter keine Grenze gesetzt sei, das Leben der Greise sei gerechtfertigt, da sie die Last der Pflicht tragen und den Tod verachten können. Deshalb sei das Alter sogar mutiger und stärker als die Jugend. (Cicero, Cato der Ältere, oder vom Greisenalter, in: Ausgewählte Schriften, Stuttgart 1855, S. 579)

135 F. Engels, Brief an F. A. Sorge vom 15. März 1883, in: MEW, Bd. 35, S. 460

136 Dabei handelt es sich nicht nur um futurologische Euphorie, sondern um prognostische Äußerungen verschiedener Wissenschaftler (siehe: V. F. Kuprevič, Bessmertie – skazka?, in: Nauka i religija, 7/1965; A. Clarke, Profiles of the Future, New York 1962 (russ.: Čerty buduščego, Moskva 1966) u. a. Es gibt eine internationale Gesellschaft, die sich mit dem Problem der Verlängerung der Lebensdauer der menschlichen Art befaßt. Sie geht davon aus, daß man das menschliche Leben um Hunderte von Jahren verlängern kann und muß. Clarke vertritt die Meinung, daß der Mensch bis zum Jahre 2090 die Unsterblichkeit erlangen wird

137 J. M. Hulicka, Empirical Studies in the Psychology and Sociology of Aging, New York 1977; R. M. Henig, The Myth of Senility, New York 1981

138 Dazu gehören nach Meinung einiger Wissenschaftler die Transplantation von Organen und deren künstliche Ersetzung mit Hilfe einer neuen Bionik, die Psychochirurgie und die Schaffung „biokybernetischer Organe“. Aber leider wird die Realität oft durch eine „Wissenschaftsmythologie“ erdrückt.

139 I. V. Davydovskij, Gerontologija, Moskva 1966, S. 19 (Hervorhebung – I. T. F.)

140 In den vergangenen Jahren beschäftigten sich mit diesen Problemen besonders intensiv Theologen verschiedenster Orientierung. So sprach Papst Johannes Paul II. in einer Rede in Turin (13. April 1980) von den vernünftigen psychischen Grundlagen für die Angst vor dem Tod. Das Streben nach dem Leben fände Befriedigung und Lösung in der christlichen Lehre von der Auferstehung.

141 K. Marx, Ökonomisch-philosophische Manuskripte (1844), in: MEW, Ergänzungsband. Erster Teil, S. 539

142 Ebenda, S. 536

143 G. V. Plechanov, Kunst und Literatur, Berlin 1955, S. 214. Plechanov schrieb in seinem Testament, man solle diese Worte von Shelley in seinen Grabstein meißeln.

144 Den wesentlichen Unterschied zwischen dem eigenen Tod und dem Tod eines anderen betonte Heidegger mit einem Hinweis auf L. N. Tolstoi, der in der Novelle „Der Tod des Iwan Iljitsch“ schrieb: „... die Tatsache des Ver-

scheidens eines nahen Bekannten (rief) in jedem, der davon erfuhr, wie immer das Gefühl einer gewissen Freude darüber hervor, daß man nicht selber gestorben war, sondern jener." (L. N. Tolstoi, Meister-Erzählungen, Berlin 1957, S. 262 f.)

145 R. A. Moody, Life after Life. The Investigation of a Phenomenon – survival of Bodily Death, New York 1978; Life after Death, London 1977. Siehe dazu: V. A. Negovskij, Nekotorye metodologičeskie problemy sovremennoj reanimatologii, in: Voprosy filosofii, 8/1978. Negovskij nimmt wissenschaftlich zu den in Zusammenhang mit den Erfolgen der Reanimatologie wiedererstehenden Mythen von einem „Leben nach dem Tod" Stellung, die auf ihre Weise versuchen, die Konzeption von der „Unsterblichkeit der Seele" zu reanimieren. (V. A. Negovskij, Ob odnoj idealističeskoj koncepcii kliničeskoj smerti, in: Filosofskie nauki, 4/1981)

146 Siehe A. D. Naletova, Problemy avtonomii ličnosti v sovremennoj amerikanskoj ėtike, in: Voprosy filosofii, 6/1982. Im Mai 1973 organisierte die Columbia University ein spezielles Symposium zum Thema „Philosophische Aspekte der Thanatologie".

147 W. I. Lenin, Konspekt zu Feuerbachs „Vorlesung über das Wesen der Religion", in: Werke, Bd. 38, a. a. O., S. 53

148 Vgl. H. von Ditfurth, Wir sind nicht von dieser Welt: Naturwissenschaft, Religion und die Zukunft des Menschen, Hamburg 1981, S. 137

149 F. Engels, Dialektik der Natur, in: MEW, Bd. 20, S. 501

150 Ebenda, S. 327

151 E. Hemingway, Der alte Mann und das Meer, Berlin 1956, S. 99

Namenverzeichnis

Zur Kritik der bürgerlichen Ideologie

HERAUSGEGEBEN VON MANFRED BUHR

unter Mitwirkung von

GUY BESSE (Paris) · PHAM NHU CUONG (Hanoi)
ANDRÁS GEDŐ (Budapest)
TADEUSZ M. JAROSZEWSKI (Warschau)
M. T. JOWTSCHUK (Moskau) · W. W. MSCHWENIERADSE (Moskau)
VLADIMIR RUML (Prag)
ROBERT STEIGERWALD (Frankfurt/Main)

1. ILEANA BAUER/ANITA LIEPERT

Sirenengesang eines Renegaten oder Die „große Wende" Roger Garaudys

2. ALEXANDER ABUSCH

Tradition und Gegenwart des sozialistischen Humanismus

3. WALTER JOPKE

Ideologischer Klassenkampf und sozialistisches Bewußtsein

4. N. MOTROSCHILOWA/J. SAMOSCHKIN

Marcuses Utopie der Antigesellschaft

5. GERTRAUD KORF

Ausbruch aus dem „Gehäuse der Hörigkeit"?

Kritik der Kulturtheorien Max Webers und Herbert Marcuses

6. JURI DAWYDOW

Die sich selbst negierende Dialektik

Kritik der Musiktheorie Theodor Adornos

7. JOACHIM STREISAND

Kritische Studien zum Erbe der deutschen Klassik

Fichte — W. v. Humboldt — Hegel

8. ANDRÁS GEDŐ

Der entfremdete Marx

Zur existentialistisch-„humanistischen" Marxismus-Deutung

9. GEORG MENDE

Philosophie und Ideologie

Marxistisch-leninistische Polemik in philosophiehistorischer Bewährungsprobe

10. WILHELM RAIMUND BEYER

Die Sünden der Frankfurter Schule

Ein Beitrag zur Kritik der „Kritischen Theorie"

11. HARALD WESSEL

Philosophie des Stückwerks

Eine Auseinandersetzung mit dem neupositivistischen „kritischen Rationalismus"

12. ANDRÁS GEDŐ/MANFRED BUHR/VLADIMIR RUML

Die philosophische Aktualität des Leninismus/Zur Aktualität der Leninschen Positivismus-Kritik/Positivistische „Philosophie der Wissenschaft" im Lichte der Wissenschaft

13. WILHELM GIRNUS

Von der unbefleckten Empfängnis des Ästhetischen

Zur „Ästhetik" von Georg Lukács/Zweitausend Jahre Verfälschung der aristotelischen „Poetik"/Kunst und Geschichte

14. HERMANN KLENNER

Rechtsleere
Verurteilung der Reinen Rechtslehre

15. ROBERT STEIGERWALD

Marxistische Klassenanalyse oder spätbürgerliche Mythen

Lenin-Verfälschung in der BRD / „Links"-revisionistische Sozialismus-Kritik/ Bürgerliche Ideologie in linker Verkleidung/ Antikommunismus — seine Grundmythen und Grundmechanismen

16. GÜNTER WETTSTÄDT

„Industriegesellschaft" — „Ostpädagogik" — Antikommunismus

17. ROLF BAUERMANN/HANS-JOCHEN RÖTSCHER

Dialektik der Anpassung

Die Aussöhnung der „Kritischen Theorie" mit den imperialistischen Herrschaftsverhältnissen

18. WALTER HOLLITSCHER

„Kain" oder Prometheus?

Zur Kritik des zeitgenössischen Biologismus

19. ERHARD ALBRECHT

Bestimmt die Sprache unser Weltbild?

Zur Kritik der gegenwärtigen bürgerlichen Sprachphilosophie

20. HERBERT MEISSNER

Theorie des Wirtschaftswachstums

Hoffnung und Dilemma der bürgerlichen Ökonomie

21. PETER REICHEL

Verabsolutierte Negation

Zu Adornos Theorie von den Triebkräften der gesellschaftlichen Entwicklung

22. LADISLAV HRZAL

Die Auseinandersetzung mit dem Revisionismus und dem Antikommunismus

während der krisenhaften Entwicklung in der ČSSR 1968/69

23. BERND P. LÖWE

Klassenkampf oder sozialer Konflikt?

Zu den Gleichgewichts- und Konflikttheorien der bürgerlichen politischen Soziologie

24. PANAJOT GINDE

Die Diktatur des Proletariats und ihre „Kritiker"

25. HERMANN LEY

Über die Schwierigkeiten des Einzelwissenschaftlers

Des Biologen Jacques Monod Kritik am historischen Materialismus und der Zwang zur Philosophie in den Naturwissenschaften

26. HUBERT HORSTMANN

Der Physikalismus als Modellfall positivistischer Denkweise

27. GEORG KLAUS

Kybernetik — eine neue Universalphilosophie der Gesellschaft?

28. HANS SCHULZE

Sozialdemokratismus zwischen Entideologisierung und Reideologisierung

29. ROLAND MEISTER

Ideen vom Weltstaat und der Weltgemeinschaft im Wandel imperialistischer Herrschaftsstrategien

30. G. BESSE/PH. CAZELLE/P. JAEGLÉ/ J. METZGER/J. MILHAU/J. NINIO/P. ROUBAUD

Kritische Betrachtungen zu Jacques Monods „Zufall und Notwendigkeit"

31. JÜRGEN KUCZYNSKI

Das Gleichgewicht der Null

Zu den Theorien des Null-Wachstums

32. ROBERT STEIGERWALD

Marxismus — Religion — Gegenwart

33. E. ALBRECHT/G. ASSER/W. EBELING/ W. FISCHER/K.-H. KÖHLER/H. VÖLZ/ H. VOGEL

Streitbarer Materialismus und gegenwärtige Naturwissenschaft

34. BRUNO FLIERL

Industriegesellschaftstheorie im Städtebau

35. ELMAR JULIER

Weder modern noch marxistisch

Zur Marx-Interpretation des heutigen Revisionismus

36. GALINA BELKINA

Marxismus oder Marxologie

Zur Kritik westdeutscher marxologischer Konzeption zur Herausbildung der marxistischen Philosophie

37. GÜNTER WETTSTÄDT

Ideologie im Zwielicht

Zum Einfluß bürgerlicher Technikphilosophie auf die imperialistische Bildungsideologie

38. WOLFGANG RICHTER

Der Mythos vom Subjekt

Materialismus und Dialektik im Zerrspiegel der gegenwärtigen bürgerlichen Philosophie

39. ERICH HAHN

Materialistische Dialektik und Klassenbewußtsein

40. KARL-HEINZ RÖDER/WOLFGANG WEICHELT

Das Dilemma des Antikommunismus in der Staatsfrage

41. JINDŘICH FILIPEC/BERND P. LÖWE/ RADOVAN RICHTA

Sozialismus — Imperialismus — wissenschaftlich-technische Revolution

Die wissenschaftlich-technische Revolution in der Klassenauseinandersetzung zwischen Sozialismus und Imperialismus

42. PETER REICHEL

Künstlermoral

Das Formalismus-Programm spätbürgerlicher Dichtung in Gottfried Benns „gereimter Weltanschauung"

43. WILHELM RAIMUND BEYER

Vom Sinn oder Unsinn einer „Neuformulierung" des Historischen Materialismus

Zu den Versuchen einer philosophischen „Stabilisierung" von Herrschaft im sogenannten Spätkapitalismus

44. WILHELM GIRNUS

Zukunftslinien

Überlegungen zur Theorie des sozialistischen Realismus

45. GÉZA RIPP

Politische Ökonomie und Ideologie

Kritische Betrachtungen zur ökonomischen Ideologie des gegenwärtigen Kapitalismus

46. CAMILLA WARNKE

Die „abstrakte" Gesellschaft

Systemwissenschaften als Heilsbotschaft in den Gesellschaftsmodellen Parsons', Dahrendorfs und Luhmanns

47. ROLF MAX

Zum politisch-ideologischen Wesen des Maoismus

48. JÜRGEN KUCZYNSKI

Die vertauschte Eule der Minerva

Der Wissenschaftler in der kapitalistischen Gesellschaft

49. LUDWIG ELM

Der „neue" Konservatismus

Zur Ideologie und Politik einer reaktionären Strömung in der BRD

50. M. T. JOWTSCHUK/VLADIMIR RUML

Marxistisch-leninistische Philosophie und ideologischer Klassenkampf in der Gegenwart/ Wissenschaft und Ideologie

51. MANFRED WEISSBECKER

Entteufelung der braunen Barbarei

Zu einigen neueren Tendenzen in der Geschichtsschreibung der BRD über Faschismus und faschistische Führer

52. JACQUES MILHAU/
ROBERT STEIGERWALD

Lenin und der Revisionismus in der Philosophie / Zeitgemäße Bemerkungen zu Lenins Feststellung, daß der Neukantianismus die philosophische Grundlage des Revisionismus sei

53. KARL A. MOLLNAU

Vom Aberglauben der juristischen Weltanschauung

54. ROLF MAX

Maoismus und historische Mission der Arbeiterklasse

55. RICHARD ALBRECHT

Marxismus — bürgerliche Ideologie — Linksradikalismus

Zur Ideologie und Sozialgeschichte des westeuropäischen Linksradikalismus

56. WALTER HOLLITSCHER

Der überanstrengte Sexus

Die sogenannte sexuelle Emanzipation im heutigen Kapitalismus

57. ELMAR JULIER

Marx-Engels-Verfälschung und Krise der bürgerlichen Ideologie

58. KARL-HEINZ-RÖDER

Die Formel von der „sozialen Demokratie“

Staat und Demokratie in der Ideologie des Sozialreformismus

59. HERBERT CRÜGER

Der Verlust des Objektiven

Zum Verhältnis von Vergangenheit und Gegenwart in der historischen Erkenntnis

60. HANS SCHLEIER

Theorie der Geschichte — Theorie der Geschichtswissenschaft

Zu neueren theoretisch-methodologischen Arbeiten der Geschichtsschreibung in der BRD

61. L.W. SKWORZOW

Historische Weltanschauung und moderner Idealismus

62. TADEUSZ M. JAROSZEWSKI

Der „verlassene“ Mensch Jean-Paul Sartres

63. WILLIBALD GUTSCHE

Zur Imperialismus-Apologie in der BRD

„Neue“ Imperialismusdeutungen in der BRD-Historiographie zur deutschen Geschichte 1898 bis 1917

64. MICHEL DION

Soziologie und Ideologie

65. IGOR S. NARSKI

Die Anmaßung der negativen Philosophie Theodor W. Adornos

66. P. BRAND/N. KOTZIAS/
H. J. SANDKÜHLER/H. SCHINDLER/
F. SCHUMACHER/W. VAN HAREN/
M. WILMES

Der autonome Intellekt

Alfred Sohn-Rethels „kritische“ Liquidierung der materialistischen Dialektik und Erkenntnistheorie

67. HORST ULLRICH

Zur Reaktion der bürgerlichen Ideologie auf die Entstehung des Marxismus

68. JOË METZGER

Für die Wissenschaft

69. HANS SCHULZE

Strategie der Gegenprophetie

Zur Kritik der gegenwärtigen bürgerlichen Geschichtsphilosophie

70. T. I. OISERMAN

Der „junge“ Marx im ideologischen Kampf der Gegenwart

71. G. DOMIN/H.-H. LANFERMANN/
R. MOCEK/D. PÄLIKE

Bürgerliche Wissenschaftsauffassungen in der Krise (I)

72. JINDŘICH FILIPEC

Die Lebensweise im gegenwärtigen ideologischen Kampf

73. OTTO FINGER

Der Materialismus der „kritischen Theorie"

74. JEAN-PIERRE TERRAIL/ JEAN-LOUIS MOYNOT

Produktion der Bedürfnisse und Bedürfnisse der Produktion

75. MANFRED BUHR/ANDRÁS GEDŐ

Über die historische Notwendigkeit des ideologischen Klassenkampfes/ Von der bürgerlichen Philosophie zum Marxismus

76. WILLI GERNS

Krise der bürgerlichen Ideologie und ideologischer Kampf in der BRD

77. VINCENT VON WROBLEWSKY

Jean-Paul Sartre. Theorie und Praxis eines Engagements

78. HARRY MAIER

Gibt es Grenzen des ökonomischen Wachstums?

79. ALFRED LEONHARDT/ GERHARD SPEER

Umweltreproduktion im staatsmonopolistischen Kapitalismus

Zur Kritik bürgerlicher Konzeptionen einer marktwirtschaftlichen Lösung des Umweltproblems

80. HARALD WESSEL

Marginalien zur MEGA nebst Randglossen über alte und neue „Marxologen"

81. PETER FRANZ/MITRJU JANKOW

Information contra Materialismus?

Zum Mißbrauch der Informationswissenschaften in der gegenwärtigen bürgerlichen Ideologie

82. JÖRG SCHREITER

Zur Kritik der philosophischen Grundpositionen des Wiener Kreises

83. WERNER GRAHN/INGO WAGNER

Rechtliche und soziale Gleichheit im Klassenkampf

84. HORST HOLZER

Kapitalismus als Abstraktum?

Makro-soziologische Systemtheorie in der Soziologie der USA und der BRD

85. W. J. GULIJEW/B. P. LÖWE/ K.-H. RÖDER

Bürgerliches politisches System und Systemtheorie
Widersprüche und Tendenzen

86. EKKEHARD LIEBERAM

Krise der Regierbarkeit — ein neues Thema bürgerlicher Staatsideologie

87. ROLF BADSTÜBNER

Restaurationsapologie und Fortschrittsverteufelung

Das entspannungsfeindliche bürgerliche Nachkriegsgeschichtsbild in der BRD

88. WOLFGANG SPICKERMANN

Kosmologie und die Legende vom Schöpfungsakt

89. I. T. FROLOV

Wissenschaftlicher Fortschritt und Zukunft des Menschen

Kritik des Szientismus, Biologismus und ethischen Nihilismus

90. ANDRÁS GEDŐ

Philosophie der Krise

91. HANNELORE PLOOG

Im Netz der Manipulierung

Aldous Huxley und seine „Brave New World"

92. GOETZ D. FRIEDRICH/ WOLF-D. HARTMANN

Innovation contra Krise?

Zur Kritik bürgerlicher Innovationstheorien

93. CLAUS TRÄGER

Die Herder-Legende des deutschen Historismus

94. G. I. PATENT

Zur Kritik der Existenzphilosophie Martin Heideggers

95. MICHEL VADÉE

Epistemologie oder Philosophie?

Zu G. Bachelards neuem epistemologischem Idealismus

96. L. W. SKWORZOW

Geschichte und Antigeschichte

Zur Kritik der Methodologie der bürgerlichen Geschichtsphilosophie

97. GERHARD LOZEK/ROLF RICHTER

Legende oder Rechtfertigung?

Zur Kritik der Faschismustheorien in der bürgerlichen Geschichtsschreibung

98. P. N. FEDOSEEV u. a.

„Demokratischer Sozialismus" – Ideologie des Sozialreformismus

99. WALTER SCHMIDT

Nation und deutsche Geschichte in der bürgerlichen Ideologie der BRD

100. MANFRED BUHR/
ROBERT STEIGERWALD

Verzicht auf Fortschritt, Geschichte, Erkenntnis und Wahrheit

Zu den Grundtendenzen der gegenwärtigen bürgerlichen Philosophie

101. HORST HOLZER

Soziologie in der BRD

Theorienchaos und Ideologieproduktion

102. WOLF-DIETER GUDOPP

Der junge Heidegger

Realität und Wahrheit in der Vorgeschichte von „Sein und Zeit"

103. CLAUS TRÄGER

Geschichte und Romantik

104. WOLF-D. HARTMANN/
WALTER STOCK

Internationaler Technologieaustausch – Kooperation oder Konfrontation?

Mythos und Realität US-amerikanischer Konzeptionen des Technologietransfers in den Ost-West-Wirtschaftsbeziehungen

105. WLADIMIR WLASSOWITSCH MSCHWENIERADSE

Spätbürgerliches politisches Denken und Politologie

Ein kritischer Abriß

106. HORST HOLZER

Theorieprogramme und Kapitalismus

Zur Geschichte der bürgerlichen Soziologie

107. IVAN TIMOFEEVIČ FROLOV

Mensch – Wissenschaft – Humanismus

Zur Kritik des Anthropologismus, Szientismus und Sozialbiologismus